पर्यावरण प्रबंधन

पर्यावरण प्रबंधन

डॉ. कुमारी ज्योत्सना

GenNext Publication

पर्यावरण प्रबंधन

ISBN : 978-93-5324-059-2

भारत में सन् 2019 में प्रकाशित

कल्पाज पब्लिकेशन

सी-30, सत्यवती नगर,
दिल्ली-110052

Phone : 9212142040

ई-मेल: kalpaz@hotmail.com

मुद्रित: जी. प्रिंट प्रोसेस, दिल्ली

यह पुस्तक मेरे सास–ससुर, माता–पिता एवं पति को समर्पित है। इस पुस्तक के रचने में मेरे पति, श्री सुधीर कुमार की आभारी हूँ, जिन्होंने इस सपने को साकार रूप देने में, मुझे सक्रिय प्रेरणा दी।

– डॉ. कुमारी ज्योत्सना

प्रस्तावना

मैं प्रोफेसर एन0 पी0 सिंह, निदेशक एस0 एन0 आई0 बी0 एम0 राँची के प्रति आभारी हूँ जिन्होंने इस पुस्तक को लिखने के लिए प्रेरणा एवं सलाह दी।

मैं प्रोफेसर श्री सुधीर कुमार (समीर) मुख्य प्रशासानिक पदाधिकारी, एस0 एन0 एस0 आई0 बी0 एम0, राँची की आभारी हूँ, जिनके उचित मार्गदर्शन एवं सहयोग से इस कार्य को सम्पन्न कर सकी।

मैं ह्यूमन रिसोर्स मैंनेजमेंन्ट प्रोफेसर, श्री नथानिएल मुण्डू, एस0 एन0 एस0 आई0 बी0 एम0 राँची का तहे दिल से आभार प्रकट करती हूँ जिन्होंने इसका हिन्दी रूपान्तर कर सराहनीय कार्य किया।

यह भी ध्यान रखा गया है कि कई अंग्रेजी शब्दों का अनुवाद तकनीकी कठिनाइयों के मद्देनजर, हूबहू मूल रूप में ही रखा गया हैं ताकि पाठकों को समझने में आसान हो।

आशा है, यह पुस्तक स्कूल, कॉलेज एवं एम0ए0, बी0बी0ए0, बी0ए0, बी0एस0सी0 विद्यार्थियों के लिए तथा सर्वसाधारण के लिए हितकर और ज्ञानवर्द्धक साबित होगी।

— डॉ. कुमारी ज्योत्सना

साराँश

सहायक प्रोफेसर ज्योत्सना

पर्यावरण का मुद्दा आज एक आम बात हो गया है। आज यह सभी सीमाएँ लाँघ कर विश्व व्यापी मुद्दा बन गया है। रोक–थाम, चँगाई से बेहतर है। इस तथ्य की जानकारी बच्चों से लेकर बुजुर्गों तक को देने की कोशिश हो रही है। पर्यावरण की रक्षा तथा स्वच्छ पर्यावरण पर अधिकार की बात अभी एक जिम्मेदारी बन गई है, जो हरेक जन के लिए लाजिमी है। जर्मनी के हेलिंगजेडम में जी–8 सम्मेलन 8 जून 2007 को सम्पन्न हुआ जिसमें भारत ने भी भाग लिया, उसमें ग्रीन हाऊस से फैलने वाले गैस प्रदूषण पर बहस हुई।

इस पुस्तक के अध्ययन की विषय वस्तु इस संकाय के बारे में सीधे अथवा परोक्ष रूप में पर्यावरण से लगाव रखने वाले के लिए आवश्यक जानकारी प्रस्तुत करती है। एक विद्यार्थी को यह जानना चाहिए कि पर्यावरण रक्षा तथा प्राकृतिक संसाधन की उपलब्धि को बनाये रखना निहायत जरूरी है जो मानव के लिए स्वभाविक कर्तव्य है। इसकी ओर शिक्षित एवं अभिजात वर्ग से लेकर जन साधारण तक का ध्यान आकर्षित किया जा चुका है। समूह/8 (G.8) सम्मेलन जून 08, 2007 को हेलिंजेडम–जर्मनी में हुआ जिसमें भारत ने भी भाग लिया था। उस सम्मेलन में चर्चा का मुख्य विषय ''ग्रीन हाऊस गैस'' था।

इस किताब के अध्ययन की विषय वस्तु सावधानी पूर्वक सोच–समझ कर बनायी गयी है और यह पर्यावरण संबंधी मुद्दे लेकर जो इस अनुशासन के प्रति प्रत्यक्ष अथवा परोक्ष रूप से प्रतिबद्ध हैं, उनके लिए है। हर प्रशिक्षु को यह जानना चाहिए कि पर्यावरण तथा संसाधनों की सुरक्षा प्रत्येक जन के लिए समान रूप से मानवीय कर्त्तव्य होना चाहिए। उसी तरह से सरकारी संस्थानों के लिए भी अपनी नीतियों का आवश्यक भाग होना चाहिए, क्योंकि हरेक नागरिक चाहे वह कोई भी ओहदे पर क्यों न हो या किसी भी आर्थिक स्थिति से क्यों न गुजर रहा हो वह पर्यावरण की समस्याओं से वंचित नहीं है। इस लिए पर्यावरण, स्थानीय या संघीय सरकार की संस्थाओं का मुद्दा होना चाहिए।

हमारे पूर्व प्रधान मंत्री डॉ0 मनमोहन सिंह ने ठीक ही कहा है कि औद्योगिकीकरण पर्यावरण दाँव पर रख कर नहीं होना चाहिए। इसमें कोई शक नहीं, औद्योगीकरण देश की अर्थ–व्यवस्था के विकास में सहायक है, लेकिन भारत में विकास कार्यो के फलस्वरूप पिछले कुछ दशकों में पर्यावरण प्रदूषण बढ़ा है, ऐसा हमने पाया है। औद्योगिक विकास, कृषि क्षेत्र में बहुत ही उच्च स्तर पर किये गए। रासायनिक खादों के प्रयोग तथा कीट नाशक दवाओं के व्यवहार, जंगल उजाड़ने, मिट्टी कटाव, शहरीकरण, यातायात और जनसंख्या वृद्धि, पर्यावरण समस्या के प्रमुख कारण बन कर सामने आये हैं और इन समस्याओं की वृद्धि भविष्य में और भी विकराल रूप धारण करने जा रही हैं।

औद्योगिक ईकाइओं द्वारा कोयला जलाने से और सड़क यातायात, पर्यावरण के प्रदूषित करने में महत्त्वपूर्ण भूमिका निभा रहे हैं। इस कारण ज्यादा से ज्यादा व्यवसायिक अधिकारी भी इस नतीजे पर सहमत हैं कि पर्यावरण प्रदूषण का प्रतिकूल प्रभाव उनकी कंपनियों पर हो सकता है।

अभी, वैज्ञानिक तथा अभियंता ब्यूरोक्रेट, संघीय प्रशासक, अंतरराष्ट्रीय एजेन्टस, विश्वास करते हैं कि जब तक पर्यावरण मुद्दे पर हमारा ध्यान

केन्द्रित नहीं होगा, एक असाध्य विनाशकारी अवस्था आएगी जिसे रोक पाना अथवा सुधार लाना असम्भव होगा और आखिरकार वर्णानातीत मानव समस्या की ओर हमें पहुँचा सकता है।

मनुष्य हमारे पर्यावरण का एक हिस्सा है। हमारा पर्यावरण व्यवस्था हवा, पानी, जमीन और हम मनुष्य के जीवित रहने को कल्पना नहीं कर सकते है यदि इन प्राकृतिक संसाधनों की उपलब्धता समाप्त हो जाएगी, इसलिए हमको इन दुर्लभ संसाधनों का उपयोग सावधानी से करना चाहिए क्योंकि इन संसाधनों को पुनः पूर्वत बहाल नहीं किया जा सकता है। हमको इन्हें बचा कर तथा संसेचित रखने के उपायों का सहारा लेना चाहिए। संसाधनों के मुद्दे के अलावा, हमारी जीवन शैली तथा हमारे उपभोग के रफ्तार में और कचड़े के निराकरण में सावधानी बरतना चाहिए।

इस पुस्तक में हम पर्यावरण से संबंधित मुद्दों पर जाँच–पड़ताल करेंगे क्योंकि पर्यावरण हमारे जीवन को प्रभावित करता है। प्रत्येक मुद्दे को गहराई से समझने की जरूरत है और इस पुस्तक के पढ़ने वालों के लिए उनकी अभिरूचि के अनुरूप, पर्यावरण समस्यायें, गंभीर विषय मानकर चलना चाहिए।

पर्यावरण व्यवस्था प्रबंधन
एक संवेदनशील प्रयास

पर्यावरण व्यवस्था प्रबन्धन, विभिन्न क्षेत्रों के समुचित ज्ञान के आधार पर है जो निम्नलिखित हैं:—

1 प्राकृतिक विज्ञान

2 मानव एंव सामाजिक ज्ञान

3 फिजिक्स

4 रसायन शास्त्र

5 बायोलॉजी

6 ज्योलॉजी

7 जल परियोजन

8 मानव विज्ञान

9 पर्यावरण संबंधी अध्ययन

10 कानून

11 अर्थशास्त्र और नीति शास्त्र आदि का ज्ञान।

मनोविज्ञान कहता है कि मनुष्य दूर—दराज के ऊँचे पहाड़ों पर जहाँ प्राकृतिक सुन्दरता है उन जगहों पर भ्रमण करने की इच्छा करता है। जब हम बाहर जाकर खुले मैदान की ओर देखते हैं, जंगल, झील, नदी, पहाड़ आदि तो उनकी सुन्दरता देख कर हम चकित रह जाते हैं। इसके बाद जीवित तथा निर्जीव के बीच के संबंध के बारे में

समझने की कोशिश करते है। हम यह जान लेते हैं कि जीवन संचार व्यवस्था अर्थात् हवा, पानी और जमीन ये सभी प्रकृति की देन हैं। इतना ही नहीं, पर्यावरण व्यवस्था का अध्ययन निम्नलिखित चीजों तथा प्रणालियों से संबंधित हैः–

(क) विषय वस्तु––झील, नदियाँ, पहाड़ या जीव–जन्तु अर्थात् पेड़–पौधे, जानवर और मनुष्य अध्ययन के विषय हैं और ये सभी परिवर्तनशील हैं।

(ख) प्रणाली––उपर्युक्त चीजों के परिवर्तन से ऊर्जा में गति एवं पोषक तत्वों का चक्रीय बदलाव होने लगता है।

नजदीक से अवलोकन करने पर यह बात प्रकट में आ जाती है कि जीवन प्राकृतिक पर्यावरण पर आधारित है जो हवा, पानी और जमीन है। लोहा, कोयला, बॉक्साईड, यूरेनियम, माईका, सोना, प्राकृतिक गैस आदि छिपे हुए खजाने हैं। ये हमको कई प्रकार की सेवा देते हैं, नाना प्रकार के सामान उत्पादन में सहायता प्रदान करते हैं जिससे हम आराम तथा जीवन स्तर ऊँचा करने में सहायक होते हैं।

पर्यावरण निवास स्थान प्रदान करता है जिसमें पेड़–पौधे, और जानवर जीवित रहते हैं। हम मनुष्य सब्जी, फल, जलावन की लकड़ी तथा लकड़ी के फर्नीचरों आदि पेड़–पौधों से प्राप्त करते हैं। सबसे महत्त्वपूर्ण सुविधा या लाभ जो कि मनुष्य को प्राप्त होता है वह ऑक्सीजन है जो पेड़–पौधों के हरे पत्तों से फोटोसिनथेसिस प्रक्रिया द्वारा क्लोरोफिल की उपस्थिति से मिलता है तथा ये हरे पत्ते बदले में कार्बनडायऑक्साइड (Co2) पर्यावरण से ले लेते हैं।

मनुष्य और पर्यावरण

विस्थापन मामले में मनुष्य और पर्यावरण के बीच का संबंध उस समय मालूम किया जा सकता है जब जन–जातियों की समस्याओं पर विचार होता है। वास्तव में सभी मनुष्य कुछ न कुछ हद तक जैविक

संबंध पर्यावरण के साथ जोड़ते है। यह और भी ज्यादा महत्त्वपूर्ण हो जाता है उनके लिए जो कृषि कार्य से जुड़े होते हैं क्योंकि ऐसे समुदाय ऋतु परिवर्त्तन से ज्यादा प्रभावित रहते हैं। उनको फ्लोरा और फौना का अच्छा ज्ञान रहता है। जानवरों की गति विधियों (जीवन शैली) की जानकारी उनके अस्तित्व का अंग बन जाता है। उनके लिए कुछ घास–फूस तथा पेड़ दवा के काम आते है जो जिन्दगी बचाने में सहायक सिद्ध होते हैं। संक्षेप में हम कह सकते हैं कि पर्यावरण ऐसी कोई चीज नहीं जो हमारे जीवन से बाहर है, अपितु हमारे प्रति दिन के सामुदायिक जीवनाचार्य का अभिन्न अंग है। यह एक नियमित सच्चाई है। यह ऐसी चीज है जो –''हम'' की भावना भरती है और दूसरों के साथ हमारे संबंध का निर्धारण करती है।

इस प्रकार के जैविक संबंध को जन जातियों के जीवन में देखा जा सकता है जो जंगलों में निवास करते हैं। ऐसे लोगों के लिए जंगल न केवल घने फ्लोरा का विकास है बल्कि यह एक सामाजिक तथा ईश्वरीय जीवन है। पौराणिक लोक कथाएँ तथा संस्कृति पेड़–पौधों से जुड़े हुए हैं। जंगल के कुछ भाग पवित्र माने जाते हैं और मनुष्य ऐसे भागों के पेड़–पौधों को कोई हानि नहीं पहुँचाते हैं जैसे– ''सरना''। ऐसा वातावरण ही ''पहचान'' बनाते हैं। प्रकट रूप में गैर आदिवासी भी ऐसे वातावरण से पहचाने जाते हैं। उदाहरण के लिए हम देखें तो पंजाब में एक दो तरह के समुदाय के लोग पाये जाते हैं–एक वे जो पहाड़ी क्षेत्र में रहते हैं और दूसरे जो समतल मैदानी इलाके में रहते हैं। फिर भी यह सर्वमान्य है कि जितने भी बाहरी लोग हैं उन्हें दूर–दराज जगहों में पुनर्वास का मौका देना चाहिए। वास्तव में यह लोगों के पुनर्वास और पुनर्स्थापन करने की समस्या है जो विस्थापित हो जाते हैं और यह उनके विकास तथा भविष्य में होने वाले नतीजों के निश्चित करने का मुद्दा है। यहाँ पुनर्वास की प्रक्रिया को समझने की बात है जो अगले अध्यायों में चर्चा के विषय होंगे। बाह्य वातावरण दो प्रकार के संसाधन उपलब्ध करता है:–

जिनका नवीनीकरण नहीं होता——जैसे—कोयला, खनिज प्रदार्थ, तेल आदि।

जिनका नवीनीकरण सम्भव है——जैसे—जंगल, पानी आदि।

जिन संसाधनों का नवीनीकरण असम्भव है वे थोड़े हैं, मुश्किल से उपलब्ध होते हैं इस लिए उनका सद्उपयोग होना चाहिए ताकि उनकी उपलब्धता बनी रहे। आय की वृद्धि होने पर लोग ज्यादा समृद्ध हो जाते हैं, वे ज्यादा खर्च करते है और ज्यादा उपभोग करने लगते हैं जिससे ज्यादा से ज्यादा उत्पादन होने लगता है और इन दुर्लभ संसाधनों का उपयोग बढ़ जाता है। जंगल के कटने से उसका संकुचन और प्राकृतिक संसाधनों के क्षय हो से पर्यावरण को हानि पहुँचती है। इसके साथ ही मरूभूमि के विस्तार होने तथा अन्न उपजाऊ भूमि के बढ़ने से जो कम वृष्टि या अनावृष्टि के कारण होते हैं, मिट्टी कटाव, उष्णता में वृद्धि, पानी की सतह का नीचे चले जाना, हिम—स्खलन, विभिन्न प्रकार के पेड़—पौधों के गायब होने तथा कई जानवरों के लुप्त हो जाने से प्राकृतिक वातावरण को भारी क्षति पहुँचती है। कई वस्तुओं के औद्योगिक उत्पादन के फलस्वरूप उत्पन्न प्रदूषण और उपभोग प्रणाली के कारण जीवन प्रदान करने वाले संसाधन जैसे हवा, पानी और जमीन को अपूर्व क्षति पहुँचती है। जब हवा दूषित हो जाती है तो कई प्रकार की मानव समस्यायें एवं बीमारी जैसे श्वांस—प्रणाली में गड़बड़ी उत्पन्न होती है। दूषित हवा से उत्पन्न, रोग जैसे यक्षमा, जिससे बच्चे, जवान और बूढ़े ग्रसित होते हैं, जो बर्दाश्त करने लायक नहीं होते। पानी जब दूषित हो जाता है, यह कलकारखानों से निःसृत पदार्थ, सीधे नदियों में प्रवाहित होते हैं।

रासायनिक उर्वरकों के उपयोग से जमीन दूषित होती है। कीड़े—मकोड़े मारने वाले दवाएं जो औद्योगिक प्रणाली के कारण होते हैं, जमीन पर बिखरे होते हैं, उनसे जीवन के लिए खतरनाक साबित होते हैं।

इस प्रकार पर्यावरण को हानि से बचाने के लिए बहुपक्षीय अनुशासनिक नियंत्रणों का सहारा लेने की जरूरत है ताकि पर्यावरण को हानि पहुँचाने वाली समस्याओं का निराकरण हो सके। इसलिए और अधिक देर न करके, आइये हम पर्यावरण पर प्रतिकूल प्रभाव डालने वाले तत्वों को गहराई से समझें और ऐसी तरकीब अपनाएँ जिससे कि जलवायु वातावरण को हानि पहुँचने से बचाया जा सके। उदाहरण के लिए कि दूषित गैस रिसाव को कम करने की सबसे उत्तम तकनीकी अपनाना। औद्योगिक ईकाइयों से निकलने वाले गन्दे पानी का फिर से जलचक्र प्रणाली द्वारा शुद्ध करना और गन्दे जल को सीधे नदी–नालों में जाने से रोकना निहायत जरूरी है।

समस्याओं के समाधान के लिए बहुमुखी रोकथाम करने वाली तरकीबों तथा उपायों का उपयोग जरूरी है जो मुख्य नीति निर्धारण का अंग होना चाहिए। हमारी हाल की आर्थिक विकास नीति तथा अन्य विकास कार्यक्रम, प्राकृतिक संसाधनों की रक्षा की दिशा में कारगर कदम कहे जा सकते हैं। हमारी आर्थिक नीति तथा विकास कार्य प्रकृति संसाधनों के रख–रखाव के अनुरूप होना चाहिए।

परिभाषा

इनवेरोनमेन्ट शब्द फ्रेंच शब्द से लिया गया है, जिसमें इनवेरोन का अर्थ चारों ओर या वाह्य वातारण या घेरना है। यह जीवित प्राणियों के बीच संबंध स्थापित करना जैसे––पेड़–पौधे, जानवर और बाह्य वातावरण जिसमें शारीरिक निर्जीव पदार्थ जैसे––नदी, समुद्र या पहाड़ शामिल हैं। इसलिए यह बहुपक्षीय सम्बन्ध प्रणाली है और यह प्रणाली जीवधारी और निर्जीव पदार्थ जैसे पानी, जमीन, हवा आदि जो हमारी धरती माता के और इसके साथ जुड़े जलवायु, ज्वार भाटा आदि से है। जब हम पर्यावरण की चर्चा करते हैं और एक व्यवस्था या प्रणाली की बात सोचते हैं तो यह मानकर चलना चाहिए कि हरेक व्यवस्था अपने आप में एको सिस्टम का यंत्र है।

उपयोगिता एवं महत्त्व

पर्यावरण की अध्ययन की उपयोगिता काफी विस्तृत है। अब तक हमने इस विषय पर काफी जानकारी हासिल कर ली है। लेकिन पर्यावरण समस्या सभी तबके के लोगों के लिए गम्भीर रूप से ताल्लुक रखती है और इस ग्रह पर हमारा अस्तित्व कायम न रहने का खतरा है।

कुछ ऐसी समस्याएँ है जैसे––विश्वव्यापी गर्म या जलवायु परिवर्त्तन और ओजोन परत की क्षीणता आदि जिसका दुनियाँ के हर व्यक्ति पर प्रभाव पड़ता है। हाल में ही जी–8 देश और कुछ निमंत्रित देशों जैसे––भारत ने जर्मनी में एक सम्मेलन रखा था जिसमें चर्चा का मुख्य विषय विश्व–व्यापी "गर्म" का बढ़ना था।

कुछ समस्याएँ क्षेत्रीय या तो स्थानीय हो सकती हैं। जैसे–– जंगल उजाड़ना, हवा पानी एवं तेल प्रदूषण आदि। जमीन का प्रदूषण और कूड़े–कचड़े का निवारण जो हानिकारक या हानिकारक नहीं भी हो सकता है। आज के सन्दर्भ में पर्यावरण समस्याएँ हमारे लिए एक चुनौती प्रस्तुत करते हैं और चाहे हम विकसित या विकासशील देश के क्यों न हो, हमारी जीवन शैली पर इसका गहरा प्रभाव पड़ता है।

यह सच है कि हमारा आर्थिक विकास तेजी से हो रहा है। जीवन स्तर विकसित देशों में ऊँचा उठ रहा है और मध्यवर्ती देशों में कुछ उच्च तबके के समुदायों का जीवन स्तर ऊँचा हो रहा है। राष्ट्रीय और अन्तरराष्ट्रीय व्यापार में बढ़ोतरी हो रही है, कई पदार्थों का उत्पादन बढ़ रहा है, खाद्‌य पदार्थ बढ़ रहे हैं जीवन की अपेक्षाएँ ऊँची हो रही हैं, बहुत सी बीमारियों पर काबू पा लिया गया है। संचार व्यवस्था में अपूर्ण वृद्धि हुई है और जीवन को बहुत ही आरामदायक अवस्था प्रदान की गई है।

लेकिन अभी सवाल उठता है कि मानवी जीवन में आराम और जीवन स्तर ऊँचा उठा है तो किसकी बदौलत हुआ है ? या किसकी हानि या क्षति सहने पर हुआ है।

जब हम अधिक मात्रा में खाद्‌य अनाज की बात करते हैं तो हम जमीन के नीचे के पानी की सतह को और नीचे चले जाने देते हैं, जमीन की ऊपरी उर्वरता को ह्रास करते हैं और जमीन के उपजाऊपन में कमी लाकर जीवन आधार को बर्बाद करते हैं।

चारागाह की कमी हमारे जानवरों के आहार को घटा देती है। भेड़–बकरी, गाय, बैल आदि जानवरों के प्रोटीन प्राप्ति का आधार समाप्त हो जाता है फिर हम पेड़ रोपने की बात करते हैं जबकि हम पेड़ों की अन्धाधूंध कटाई करके पर्यावरण संतुलन बिगाड़ देते हैं। इस तरह से पर्यावरण द्वारा कार्बनडायॉक्साइड में कमी लाने की शक्ति को घटा देते हैं और कोयला, तेल आदि जलाकर पर्यावरण क्षमता को कमजोर कर देते हैं। इसके फलस्वरूप कार्बनडायॉक्साइड बढ़ जाता हैं, जिसमें वातावरण गर्म हो जाता है। यह वर्फ के पिघलने का कारण बन जाता है विशेष कर आर्कटिक क्षेत्र में चक्रवात से तबाही मच जाती है तथा बाढ़ आ जाती है। हाल ही में अमेरिका के लोग 'कटरीना' चक्रवात और तूफान के शिकार हो गए थे और इसके बाद बाढ़ से भारी परेशानी आई जिसमें एक लाख से ज्यादा लोग मरे जो म्यांमार के मूल बसिन्दे थे। म्यांमार के मूल निवासी कहते हैं कि उन्होंने यांगोंग् शहर के 6.5 मिलियन आबादी के सत्यानाश जैसा अपने जीवन में पहले कभी नहीं देखा। यह प्रकृति क्रोध का जीता–जागता उदाहरण है। 190 किलोमीटर प्रति घंटे की रफ्तार से बहने वाली हवा जिसके पीछे भारी वर्षा से 15 प्रतिशत मकान वा बिल्डिंग इरावादी के लबूता शहर में गिरे और ढह गये।

हम लोग देखते हैं और महसूस करते हैं कि कई जानवर तथा पेड़–पौधों के लुप्त हो जाने से एक बहुत बड़े रूप में कई जाति एवं नस्ल नष्ट हो गए और हम जैविक धन गवाँने के रास्ते पर दिनों–दिन अग्रसर होते जा रहे हैं। हमें यह सोचना और समझना चाहिए कि हरेक पेड़–पौधे तथा जानवर की नस्ल हमारे लिए न केवल पर्यावरण

में संतुलन रखने के लिए महत्त्वपूर्ण हैं परन्तु कई हमारे भोजन तथा दवा–दारू के रूप में भी फायदेमन्द हैं। हाल में एक हादसा हुआ जो भूकम्प के कारण हुआ और इससे गुजरात में हजारों–हजार पेड़ गिर गए और बिल्डिंग ढह गई। हाल में अप्रत्याशित सुनामी आई, जिसमें हमारें लाखों जानवर और मनुष्य बह गए और अंडमान–निकोबार द्वीप और इन्डोनेशिया पूरी तरह से प्रभावित हुए। 1999 में ओड़िसा के तटवर्ती इलाके में जो उच्च कोटि का तूफान आया उसमें जान–माल की भारी क्षति हुई तथा कई लोग बेघर हो गए। इस तरह के प्राकृतिक आपदाएँ न केवल पर्यावरण को हानि पहुँचाते हैं, लेकिन देश के आर्थिक नुकसान भी बहुत ज्यादा होते हैं।

देश का विकास पर्यावरण की समस्याओं से सीधे तौर से संबंधित है। विकसित और विकासशील दोनों तरह के देश विकास की ओर बढ़ रहे हैं। भारत और चीन आबादी के ख्याल से घने देश हैं जो विकासशील देश हैं और दोनों ही देश आर्थिक विकास के लिए प्रयत्नशील हैं। अगर हम कल्पना करें कि भारत और चीन के प्रत्येक परिवार को अमेरिका के नागरिकों की तरह कर दिया गया तो उससे जो परिस्थिति उत्पन्न होगी वह कैसा होगा। इसका मतलब यह कि जितना विश्वस्तर पर प्रति दिन जो तेल उत्पादन होता है उसका अधिक से अधिक खपत होती है। गाड़ी के पड़ाव के लिए बहुत बड़ी जगह चाहिए जिससे खेती लायक जमीन का इस्तेमाल होगा जिससे खेती की मात्रा घटेगी।

इसी प्रकार यदि प्रत्येक व्यक्ति कागज की खपत भारत ओर चीन में भी अमेरिका जैसा होने लगे तो कुछ ही दिनों में जंगल उजड़ जायेगें।

उपर्युक्त परिस्थितियों के मद्देनजर यह जरूरी है कि हमें एक अलग ही तरह का मॉडल अपनाना होगा जिससे कि प्राकृतिक संसाधनों को नष्ट होने से रोका जा सके और हमारा पर्यावरण संतुलित अवस्था में रहे। इसलिए कार्बन रहित अर्थ व्यवस्था हमें अपनाना चाहिए जिसमें ऊर्जा नवीनीकरण संसाधन का प्रयोग होगा।

जन–जागृति की आवश्यकता

इसमें सन्देह नहीं कि एक लम्बे अरसे से पर्यावरण के बारे में विचार होते थे लेकिन विगत पचास वर्षों में जनसाधारण को पर्यावरण से होने वाली तकलीफों एवं समस्याओं का अनुभव ज्यादा होने लगा और इसलिए पर्यावरण संतुलन में बढ़ोतरी लाकर जीवन शैली को ऊँचा उठाने की इच्छा जाहिर की गई है।

पर्यावरण के प्रति जागरूकता बढ़ाने में शिक्षण संस्थाएँ, मीडिया विधि शाखा एवं गैर सरकारी संस्थाएँ बहुत ही महत्त्वपूर्ण पाठ अदा कर रहे हैं। सरकार भी पर्यावरण तथा प्राकृतिक संसाधनों के बचाव एवं रक्षा करने की आवश्यकता के प्रति जन–साधारण को शिक्षा मुहैया करा रही हैं और पर्यावरण संबंधी अभियान चला कर जन–जन के मन में इसके प्रति जागरूकता पैदा करने की कोशिश में लगी हुई हैं। पर्यावरण की रक्षा के लिए कानून बन रहे हैं, तरह–तरह के नियम और पाबंदियाँ लागू किये जा रहे हैं। कई तरह से लिखित बयानों के द्वारा पर्यावरण मुद्दे की ओर जनसाधारण का ध्यान आकृष्ट किया जा रहा है। स्कूल और कॉलेज पर्यावरण सुरक्षा का अभियान चलाकर विद्यार्थियों को तथा समाज को शिक्षा प्रदान कर रहे हैं। ऐसा करके वे यह समाचार प्रचरित करना चाहते हैं कि मनुष्य अपने स्वार्थ एवं लालसाओं की पूर्ति के लिए प्राकृतिक देन को ही नष्ट–भ्रष्ट करना चाहते हैं जो बहुत ही खतरनाक बात है।

एक स्थिरता कायम करने वाला विकास योजना के तहत हमें अपने–आप को, अपने बच्चों को भी प्राकृतिक पर्यावरण के संसाधनों और उनके समुचित उपयोग करने की जरूरत को समझने एवं समझाने की शिक्षा स्वयं ग्रहण करना तथा दूसरों को भी ग्रहण करवाने के लिए प्रयत्न करना चाहिए। एक आशा की किरण फूटी है, क्योंकि अब सभी विकसित तथा विकासशील देश पर्यावरण मुद्दे पर अपना ध्यान केन्द्रित कर रहे हैं और अपने विश्वास एवं भावनाओं में परिवर्तन

दिखा कर पर्यावरण संबंधी जागरूकता लाने के लिए कदम बढ़ा रहे हैं। पर्यावरण मुद्दे को और भी अधिक उजागर करने के लिए और सरकार की जिम्मेदारियों, गैर सरकारी (NGOs) तथा शैक्षणिक संस्थाओं को अपनी जिम्मेदारी समझनी चाहिए और पर्यावरण के महत्त्व का प्रचार एवं प्रसार करना चाहिए।

उपयुक्त संदर्भ में यह और भी ज्यादा आवश्यक है कि हमें कई तरह के आर्थिक विकास की जरूरत है ताकि प्राकृतिक संसाधनों के नष्ट होने से बचाव हो सके। इसलिए कार्बन आधारित अर्थव्यवस्था के बदले हमें हाईड्रोजन आधारित अर्थव्यवस्था लानी चाहिए जहाँ ऊर्जा के पुनः विकसित करने और उपयोग करने की सम्भावना रहती है।

पर्यावरण प्रबन्धन

यह सच है कि पर्यावरण की क्षति सीधे तौर पर मानव जीवन की आशा को दबाती जा रही है। आज के संदर्भ में सबसे महत्त्वपूर्ण आवश्यकता है, यह समझना कि पर्यावरण की क्षति का असर क्या है? कितना है ? तथा प्राकृतिक संसाधनों की घटती रफ्तार जो हम आज देख रहे हैं और उसके नतीजे अनुभव कर रहे हैं। हम पर्यावरण क्षति और मानव–जीवन की बढ़ती दुर्दशा के बीच के संबंध के अध्ययन की आवश्यकता को नजरअन्दाज नहीं कर सकते हैं। यह हमारे लिए परम कर्त्तव्य बनता है कि हमें अपने पर्यावरण का अच्छा प्रबन्ध कैसे करना चाहिए तथा संसाधनों तथा पर्यावरण व्यवस्था का सही उपयोग करने की शिक्षा कैसे प्राप्त करनी चाहिए। अभी शिष्यों और शिक्षकों तथा जनसाधारण और नेताओं को कर्मकारों और कार्यपालकों सरकारी और गैर सरकारी संस्थाओं, सभी को पर्यावरण मुद्दों के प्रति अति संवेदनशील होना होगा। इतना ही नहीं पर्यावरण के असर क्या हो सकते हैं, पर्यावरण के प्रति उनकी क्या प्रवृति है, क्या आदत है और क्या करते हैं, इन सभी की उन्हें पूरी जानकारी रहनी चाहिए।

सांख्यकी

विश्व स्वास्थ्य संस्था (WHO) की रिपोर्ट के आधार पर देखा गया है कि पर्यावरण की क्षति के कारण प्रति वर्ष 25 प्रतिशत मृत्यु दर है। विश्व स्वास्थ्य संगठन (WHO) पहली बार पर्यावरण क्षति के नतीजे निश्चित बीमारियों और घाव के रूप में उभरते लक्षणों को दिखा रहा है।

पर्यावरण से संबंधित कारणों से घटित मृत्यु पूरे वार्षिक स्वास्थ्य सूचंकांक जो बीमारियों और प्रति वर्ष चिन्हित डायरिया से जो 58 मिलियन है, अधिकतर असुरक्षित एवं दूषित जल पीने से हुए हैं तथा स्वास्थ्य और हाईजिन की कमी से हुए हैं।

1. 37 मिलियन मृत्यु श्वांस–प्रस्वास अवरूध जो प्रदूषित हवा से होते हैं, उसके कारण हुए हैं।
2. 15 मिलियन सड़क दुर्घटना से मृत्यु हुए हैं जो शहरीय क्षेत्र में सड़कों के खराब व्यवस्था के कारण हुए है।
3. 19 मिलियन मृत्यु मलेरिया से हुए हैं क्योंकि जल संसाधन की कुव्यवस्था, घर व मकान सही जगह में नहीं बनने तथा जमीन का सही तरीके से व्यवहार नहीं होना है।
4. लगातार धूल गर्द वातावरण से होने वाले फेफड़े की फुस्फूसीया रोग से 12 मिलियन मृत्यु हुए हैं।
5. 13 मिलियन से अधिक मृत्यु बचाव के सम्भावित कारण से हुए हैं।
6. 5 साल तक के कम उम्र में रोग से मरने वाले बच्चे 33 प्रतिशत हैं जिनकी मृत्यु पर्यावरण कारणों से हुए हैं।
7. यदि पर्यावरण सुरक्षा बर्त्ती जाए तो प्रति वर्ष 4 मिलियन लोगों का जीवन बचाया जा सकता है।

सुरक्षित पर्यावरण व्यवस्था से 40 प्रतिशत मृत्यु जो मलेरिया से और 94 प्रतिशत मृत्यु डायरिया से होते हैं तथा सबसे अधिक बच्चों के मृत्यु के कारणों का 2 प्रतिशत रोकथाम पर्यावरण की सुरक्षित व्यवस्था से हो सकता है।

4 ऐसी बीमारियाँ या रोग जो असुरक्षित पर्यावरण व्यवस्था के कारण से होते हैं जिनमें फेफड़े के फुप्फसिया रोग, डायरिया तथा मलेरिया हैं और दुर्घटना से होने वाले घाव।

बचाव के उपाये:–

1. घर से निकलने वाले गन्दे पानी की उचित व्यवस्था, अधिक तथा बेहतर स्वास्थ्य संबंधी सुरक्षा के उपाये अपनाना और मौलिक एवं सुरक्षित विकास जो निम्न प्रकार हैं:–

   विकास के 3 मूल क्षेत्र – आर्थिक
   – सामाजिक और
   – पर्यावरण हैं।

   ये सभी तीनों बहुत ही महत्त्वपूर्ण हैं।

व्यवसाय (उद्यम) मॉडल

(क) व्यवसाय –– अधिक से अधिक मुनाफा कमाना, अच्छे ढंग से आर्थिक कमाई करना – ये पर्यावरण को हानि पहुँचा कर होते हैं, जो पर्यावरण को कायम रखने में सहायक सिद्ध नहीं होते है।

(ख) व्यवसाय –– जिसमें सामाजिक या सामुदायिक जिम्मेदारी का अभाव हो वह भी पर्यावरण बनाये रखने में सहायक नहीं है।

(ग) व्यवसाय –– जिसमें खराब आर्थिक कार्य होते हैं–जिसके अच्छे सामाजिक और पर्यावरण के अच्छे आँकड़े हैं, वे भी

पर्यावरण के सुरक्षित रख–रखाव में सहायक सिद्ध नहीं होते।

पर्यावरण प्रबन्धन बहुत ही महत्त्वपूर्ण है परन्तु यह एक ऐसा पहलू है जिसकी उपेक्षा ही की जाती रही।

इसका ताल्लुक जीवन कायम करने वाले हवा, पानी आदि से है जो आर्थिक विकास और अन्य विकास क्षेत्रों से जुड़ा हुआ है।

आज हमें पर्यावरण अथवा विकास इन दोनों में से किसे चुनना है, इस निर्णय की विकट परिस्थिति से गुजर रहे हैं। औद्योगिक ईकाइयों में उच्च कोटि का उत्पादन रेकार्ड बना लिया है जो विकसित देशों में देखा जा रहा है और उनका जीवन स्तर उच्च स्तर पर पहुँच चुका है लेकिन ये सभी प्राकृतिक वातावरण एवं पर्यावरण की बर्बादी करके हुए हैं।

विकासशील देश इसके विपरीत अभी प्रयत्नशील हैं कि कम से कम जीवन स्तर कायम करें लेकिन वे भी पर्यावरण को हानि पहुँचा रहे हैं। इस तरह हम देखते है कि विकसित औद्योगिक देश और औद्योगिक रूप से अविकसित या विकासशील दोनों तरह के देश प्राकृतिक प्रदत्त पर्यावरण की हानि कर रहे हैं।

यह बात बिल्कुल सच है कि उपभोग करने और जीवन स्तर ऊँचा उठाने, इन दोनों परिस्थिति में पर्यावरण समस्या से लोग प्रभावित होते हैं। इस पर्यावरण प्रबन्धन के सामने जीवन शैली पर्यावरण के प्रति लोगों के दृष्टिकोण और व्यवहार तथा नैतिकता के सवाल खड़े हैं।

आज मौलिक प्रश्न यह है कि विकास का कौन सा मार्ग हम चुनें और अपनायें। स्थिर विकास का अर्थ है सतत् आर्थिक विकास लेकिन पर्यावरण को बिना हानि पहुँचाये तथा प्रकृति प्रदत्त संसाधनों को बिना क्षति पहुँचाये।

सतत् विकास एक विचार है :–

विकास, उपभोग या प्राकृतिक संसाधनों के उपयोग के उस दर या गति को बनाये रखने से है जो इन प्राकृतिक संसाधनों का सुरक्षित रख–रखाव करते हुए हों या उनकी फिर से उपलब्ध होने की सम्भावना बनी रहे।

फिर, यह जरूरी है कि देश या समाज अपनी आवश्यकताएँ हासिल करे जो सामाजिक और आर्थिक आवश्यकताएँ हैं और दूसरी आवश्यकताएँ भी लेकिन भावी पीढ़ी को पंगु बनाने वाले कोई भी वैसे कदम न उठायें।

आज हमें यह समझना चाहिए कि प्राकृतिक संसाधन सीमित और नाशवान हैं।

विशेषज्ञों के पास ऐसे सबूत या प्रमाण मौजूद हैं जिससे मालूम पड़ता है कि हम ऐसी संवेदनशील अवस्था में पहुँच चुके हैं जहाँ से पर्यावरण की गिरावट हमें बहुत बड़ा खतरा झेलने की स्थिति में पहुँचा सकती है।

सतत् कायम रखने का दूसरा पहलू व्यवस्था या सिस्टम की व्याख्या करना हैः–

आर्थिक, सामाजिक और पर्यावरण व्यवस्था परस्पर कई अवस्थाओं में किस तरह व्यवहारित होते हैं, इससे सतत् कायम रहने की स्थिति में विकास उत्पन्न होता है और तीनों व्यवस्थाओं में सर्वोत्तम संतुलन पैदा होती है।

सतत् कायम रहने की स्थिति लोगों के गरीबी दूर करने की दिशा में विकसित होना चाहिए जिससे विकासशील देशों में प्राकृतिक संसाधनों की क्षति में कमी आ सके तथा सामाजिक असंतुलन की स्थिति न आ सके। इस तरह हम देखते हैं कि स्थाई रहने का अर्थ सामाजिक–आर्थिक जरूरतों और पर्यावरण की आवश्यकताओं के

बीच संतुलन कायम रखना है साथ ही इसका मुख्य ध्येय या उद्देश्य पर्यावरण की सुरक्षा है और नष्ट हो जाने वाले संसाधनों की क्षति लाने वाली करतूतों से बचना या दूर रहना चाहिए। एक संसाधन पर आधारित न रह कर दूसरे संसाधन का सहारा लेना चाहिए।

इस तरह समुचित रूप से प्राकृतिक संसाधनों के उपयोग करने से वर्त्तमान तथा भावी पीढ़ी की जरूरतों की अच्छी देख–रेख हो सकती है और क्षेत्रीय असंतुलन जो प्राकृतिक संसाधनों के उपयोग से होता है, उससे छुटकारा मिल सकता है।

प्रकट है कि विकसित देश विकासशील देशों की तुलना में 5 से 10 गुणा ज्यादा प्राकृतिक संसाधनों का उपभोग करते हैं।

विकास से यह निश्चित होना चाहिए कि——

(क) प्राकृतिक संसाधनों का सदुपयोग होना चाहिए।

(ख) भावी पीढ़ी की जरूरतों को मद्दे नजर रखते हुए दीर्घकालीन योजनाएँ बनानी चाहिए।

(ग) सामाजिक आर्थिक जरूरतों तथा पर्यावरण के बीच उचित संबंध स्थापित करने की जरूरत है जिसके लिए व्यवस्थित ढ़ंग से उनके बीच होने वाले व्यवहारों को समझना चाहिए।

सन् 1987 में संयुक्त राष्ट्र ने पर्यावरण व्यवस्था एवं विकास पर एक विश्व पर्यावरण कमीशन का गठन किया है और इसने एक रिपोर्ट प्रस्तुत की जिसे ब्रन्टलैंड रिपोर्ट कहा जाता है जो हमारे सामान्य भविष्य की स्थिति क्या होगी, इसकी जानकारी देता है।

उस रिपोर्ट को ''एस डी'' कहा जाता है जिसका अर्थ है, स्थाई रूप से कायम रहने की अवस्था में विकास, जिसका उद्देश्य वर्त्तमान पीढ़ी की जरूरतों की पूर्ति करना तथा भावी पीढ़ी की आवश्यकताओं की पूर्ति करने की क्षमता शामिल हो। बाद में एस.डी के अन्तर्गत निम्नलिखित तीन पहलू सम्मिलित किये गए ——

एस.डी. के अर्न्तगत प्राकृतिक संसाधनों का सदुपयोग होना चाहिए ताकि इस पृथ्वी को ज्यादा से ज्यादा जीवन जीने लायक अच्छी जगह बनाया जा सके। यह तभी संभव है जबकि हम उच्च कोटि की विकसित तकनीकी अपनाते हैं ताकि दुर्लभ वस्तुओं का उपयोग प्रति युनिट उत्पादन में होने वाले बेकार या बर्बाद होने में कमी लाया जा सके और उनके बदले दूसरा उपाय खोजा जा सके।

सतत् विकास वैसी जीवन शैली एवं जीवन स्तर को बढ़ावा नहीं देता जो प्राकृतिक संसाधन के शोषण पर आधारित है, और जो भावी पीढ़ी के लिए कुछ भी नहीं छोड़ देता है।

इस लिए सभी देशों का यह कर्त्तव्य है तथा समुदायों के लिए उचित है कि वे पर्यावरण के प्रति दोस्ताना संबंध बनाने वाली नीतियों का अनुकरण करें जिससे प्राकृतिक संसाधन दीर्घ काल तक कायम रह सकें।

ये नीतियाँ यह सुनिश्चित करें कि –

1. प्राकृतिक संसाधन पुनः स्थापित हो सकें। ऊर्जा उपभोग तथा बर्बादी में कमी लाई जा सके।
2. आबादी को बढ़ने से रोका जाए। जैसे–चीन में ''एक ही संतान'' वाली नीति अपनाई गई है।
3. हवा, पानी एवं जमीन को दूषित होने से बचाया जाए जिसके लिए राज्य की तकनीक में बदलाव जाया जाए।
4. जंगल उजाड़ने वाले क्रिया–कलापों पर रोक लगाना अपना धर्म समझें।
5. कि विभिन्न जैविक विनाश पर रोक लगे।
6. कि उत्पादन कार्य में पुर्नस्थापित होने लायक प्राकृतिक संसाधनों का उपयोग किया जाए ताकि नाशवान संसाधनों का बचाव हो सके।

7. कि कूड़े–कचरे से प्रभावशाली संसाधनों का सृजन किया जाए।
8. कि इस बात की गम्भीरता समझी जाए कि प्राकृतिक संसाधन कोई मुफ्त की चीज नहीं है जो सहज ही बिना मूल्य चुकाए मिल जाए।

पर्यावरण संबंधित महत्त्वपूर्ण आधारभूत एवं दीर्घ काल तक कायम रहने वाले विकास :–

(क) आबादी और इसका प्रभावः– यह सर्वमान्य है कि आबादी में वृद्धि और आर्थिक विकास दोनों ही पर्यावरण पर प्रभाव डालते है।

पर्यावरण हानि एवं जनसंख्या वृद्धि दोनों के बीच गहरा संबंध है।

अर्लिछ समीकरण :– I=P X A X T

जहाँ I = Impact on environment (पर्यावरण पर प्रभाव)

P = Population (जन संख्या)

A = Affluence (उपभोग)

T = Technology Co-efficient (तकनीक प्रभाव)

भारत की जन संख्या 2000 में विश्व के छः बिलियन आबादी की तुलना में 1 बिलियन ज्यादा हो गई।

1. हम हर साल आस्ट्रेलिया की जितनी आबादी है उतनी जन संख्या अपनी आबादी में जोड़ते जा रहे हैं।
2. अधिक आबादी का अर्थ है प्राकृतिक संसाधनों में अधिक बोझ डालना।
3. ऊर्जा के उपभोग में उतनी ही अधिक मात्रा में वृद्धि।
4. अधिक कचड़े में वृद्धि।
5. ग्रीन हाऊस गैस में अधिक उत्पादन वृद्धि तथा पर्यावरण के लिए हानिकारक प्रभाव में वृद्धि करना।

6. चीन में "एक बच्चा" नीति प्रचलित है। आज भारत आबादी के वृद्धि के प्रभाव को महसूस कर रहा है और आबादी रोकने के उपायों को अपना रहा है।

(ख) वृद्धि सीमाः– पर्यावरण खतरे की रोक थाम कठिन है, जब तक कि लोग अपने दृष्टि–कोण नहीं बदलते हैं, उपभोग के तौर तरीके नहीं बदलते है, उत्पादन और व्यवसाय में परिवर्तन नहीं करते और प्रौद्योगिकी कला में विकास न आ जाए, जिसमें प्राकृतिक संसाधन के प्रयोग में कमी लाई जाती है। इतना ही नहीं यह भी सच है कि क्षमता के बढ़ने से ही उद्देश्य की पूर्ति नहीं होती। उदाहरण स्वरूप कम ऊर्जा खपत करने वाले कार एवं मोटर साईकिल के उत्पादन हो रहे हैं जो पेट्रोल या डीजल से चलते हैं। आबादी के बढ़ने से ऐसे वाहनों की मांग बढ़ जाती है जिससे और अधिक तेल की खपत होने लगती है। तेल की इस बढ़ती खपत के कारण कार्बनडायोआक्साईड गैस फैलाने में वृद्धि हो जाती है जिससे पर्यावरण में प्रतिकूल प्रभाव पड़ता है।

इसलिए अभी यह आवश्यक है कि दुनियाँ के देश गंभीरता से सोचते हुए कम कार्बनडायोआक्साईड ऊर्जा वाले वाहनों का प्रयोग करें ताकि कार्बनडायोआक्साईड द्वारा पर्यावरण क्षमता नष्ट करने वाले कार्बन–ऊर्जा में कमी लाई जा सके।

आज दुनियाँ के सामने वैकल्पिक रूप में कार्बनडायोआक्साईड रहित ऊर्जा स्रोत के प्रयोग की चुनौती पूर्ण स्थिति पैदा हो गई है, जो स्वच्छ एवं सुविधापूर्ण हो। अमेरिका के राष्ट्रपति जोर्ज डब्ल्यू बुश ने कहा है कि पेट्रोल के वैकल्पिक ऊर्जा उत्पादन करने वाले वैज्ञानिकों को पुरस्कृत किया जाएगा तथा उचित सम्मान दिया जाएगा। नई दिल्ली में टाऊन बसों को कोप्रेषड नैचुरल गैस (CNG) द्वारा चलाये जाने का प्रयत्न किया जा रहा है। जर्मनी का बी. एम. डब्लयू (BMW) हाईड्रोजन ऊर्जा द्वारा अपने वाहनों को चलाने की कोशिश में लगे हुए

हैं। भारत भी 2020 तक में हाईड्रोजन ऊर्जा द्वारा वाहन चलाने को प्रौद्योगिकी विकसित करने में लग गया है। 4 जून 2007 को पब्लिक एवं निजी पार्टनरशिप बनाने का एक मौका राष्ट्रीय हाईड्रोजन ऊर्जा रोड मैप पर हुए एक सम्मेलन में दिया गया। राष्ट्रीय हाईड्रोजन ऊर्जा बोर्ड एक योजना बनायेगा जो देश में हाईड्रोजन ऊर्जा वाहन की शुरूआत करेगा और देश में हाईड्रोजन ऊर्जा विकसित करने के लिए संयंत्र विकसित करेगा।

एक राष्ट्रीय हाईड्रोजन रोड–मैप तैयार किया जा रहा है जो रतन टाटा के नेतृत्व में – राष्ट्रीय हाईड्रोजन एनर्जी बोर्ड का स्टीयरिंग ग्रुप होगा। इस उपक्रम में भारत की सड़कों पर दौड़ने वाले एक करोड़ वाहन हाईड्रोजन ऊर्जा का प्रयोग करेंगे, लगभग 75 प्रतिशत वाहनों में ज्यादातर दो पहिए वाले वाहन तथा तीन पहिये वाले वाहन होंगे, यह उद्‌घाटन भाषण के दौरान, श्री मोन्टेक सिंह अहलूवालिया, डिप्टी चेयर मैन, प्लानिंग कमीशन ने कहा। उसने यह भी कहा कि हाईड्रोजन ऊर्जा स्वच्छ होता है जो कार्बनडायोआक्साईड उत्सर्जन को कम करेगा। हमें ऐसे प्रौद्योगिक तकनीकी विकसित करनी चाहिए और अनवेषण में ज्यादा कोशिश होनी चाहिए।

अभी यह समय है कि सारी दुनियाँ के देशों को एक होकर सार्वजनिक लक्ष्य की प्राप्ति के लिए कोशिश करनी चाहिए ताकि जलवायु परिवर्तन का सामना किया जा सके। इसके लिए अलग–अलग नीति निर्धारण होना चाहिए और वैश्विक सामान्य प्रणाली का इस्तेमाल किया जाना चाहिए जो सम्पति पर समान अधिकार या सम्पति–अधिकार देना है जिससे संसाधनों के स्थाई उपयोग को बढ़ावा देता है और इन्हें प्रयोग करने वालों को अस्थाई रूप से उपयोग करने वालों से अलग पहचान देता है।

एक वैश्वीकृत अर्थ व्यवस्था में जो ज्यादा प्राकृतिक संसाधनों का उपभोग करते हैं, उन्हें अतिरिक्त संसाधनों का मूल्य चुकाना चाहिए और जो संसाधनों का कम उपयोग करते हैं उन्हें हर्जाना देना चाहिए।

वैश्विक उष्णता की समस्या का जवाब यह है कि जो अपने अधिकृत हिस्से से ज्यादा उपभोग करते हैं उन्हें सजा के रूप में कार्बनडायोआक्साईड उत्सर्जन प्रणाली व्यवसाय में स्थाई रूप से न्यायपूर्ण वितरण स्थापित किया जाए और जो अपने हिस्से का पूर्ण उपयोग नहीं करते है उन्हें पुरस्कृत किया जाना चाहिए। आने वाले समय में दुनियाँ के देश एक भारी चुनौती का सामना करने जा रहे हैं। दुनियाँ के सार्वजनिक समुदाए को यह समझना चाहिए और याद रखना चाहिए कि धरती माता मानव समुदाय का पालन पोषण कर रही है और मुफ्त में संसाधन उपलब्ध कराकर अपने छिपे हुए खजाने खाली कर देती हैं, परन्तु प्रकृति का भी अपना ही नियम है और यदि इसके नैसर्गिक क्षमता का अति शोषण किया जाता है तो भयानक आँधी तूफान द्वारा उसका बदला चुकाती है।

(ग) आर्थिक स्थितिः– राष्ट्रीय उत्पादन दर आर्थिक उपलब्धि की सूचक है। राष्ट्रीय उत्पादन दर में वृद्धि इस बात को इंगित करती है कि देश की आर्थिक स्थिति अच्छी है, लेकिन फिर भी इस राष्ट्रीय उत्पादन वृद्धि जो प्राकृतिक संसाधनों के अधिकाधिक उपयोग के कारण है पर्यावरण क्षति में परिलक्षित होता है।

आंशिक रूप से कोई भी कह सकता है कि प्रर्याप्त रूप में आर्थिक विकास पर्यावरण संबंधित कई समस्याओं से निजात देता है। भारत के अधिक से अधिक जनसंख्या के जरूरतों को पूरा करने की जरूरत है और प्राकृतिक संसाधनों के उपयोग में समान रूप से हिस्सेदारी होनी चाहिए ताकि उनके अति शोषण पर रोक लग सके और उनका दुरूपयोग बन्द हो सके। यह भी सच है कि असमानता के कारण जो आपसी मतभेद होते हैं और जिसके कारण पर्यावरण असन्तुलन पैदा होता है और जातीयता, क्षेत्रीयता, सामुदायिक धर्म आदि भावनाओं का रूप ले लेता है, यह सलाह दी जाती है कि जरूरत आधारित अर्थ व्यवस्था और पर्यावरण विकास नीति भारतीय संदर्भ में ठीक है क्योंकि

आवश्यक आवश्यकता की पूर्ति और प्राकृतिक संसाधन पुनर्स्थापन एक–दूसरे के संपूरक हैं। सबसे पहले कि गरीबों को दर किनार करके उनको पर्यावरण क्षति रोकने के काबिल न रहने देना संगठित वर्ग का काम है। दूसरी बात कि प्राकृतिक संसाधन अधिकाधिक इस्तेमाल करने के लिए उन्हें बाध्य कर देता है, और प्राकृतिक पूँजी का अधिक से अधिक उपयोग करने के लिए बाध्य करता है और इस तरह से मनुष्य के स्वयं के अस्तित्व को बनाये रखते हैं तो पर्यावरण के अस्तित्व को खतरा हो जाता है तथा उपलब्ध अर्थव्यवस्था से ज्यादा प्राकृतिक संसाधन को ज्यादा हानि पहुँचती है।

जब गरीब वर्ग की अर्थ व्यवस्था सुधरती है तो पर्यावरण की क्षति कम होती है जो आबादी में वृद्धि को रोकता है और इस तरह भारत की आबादी की समस्या का निदान हो सकता है और परोक्ष रूप से दुनियाँ की आबादी समस्या भी बहुत हद तक दूर होती है और मानव जीवन के अस्तित्व को बनाये रखने में मदद मिलती है। स्थाई सुधार लाने की बात ब्रन्टलैंड कमीशन रिपोर्ट में दर्शायी गयी है जिसमें सन् 1987 में ''हमारा सार्वजनिक भविष्य'' विषय पर रिपोर्ट तैयार हुआ यही एक ऐसा संलेख है जिसमें प्राकृतिक संसाधन के अंधाधुंध उपयोग से होने वाली क्षति का जिक्र किया गया है तथा दुनियाँ के स्तर पर रोकथाम करने की जरूरत पर जोर देता है। परन्तु यह धनी देशों के लिए उनकी जिम्मेदारियों को भी दर्शाता है कि वे कैसे पर्यावरण समस्या को सुलझा सकते हैं।

इसके मुख्य लेखक नॉरवे के प्रधान मंत्री है। उन्होंने इसको विश्वसनीय राजनैतिक महत्त्व प्रदान किया, लेकिन पश्चिमी देशों ने अपने स्वार्थपूर्ण रवैये के कारण इसको कोई विशेष महत्त्व का मुद्दा नही समझा। आज भी इस विषय का कोई चर्चा नहीं किया जाता है। आज बहस का विषय कुछ हट कर यह हो गया है कि पर्यावरण क्षति से भावी पीढ़ी को भारी नुकसान है, इसलिए इसे विश्व स्तरीय

जिम्मेदारी कहा गया और इसकी सुरक्षा सार्वजनिक जिम्मेदारी ठहराई गई है और यह भी कहा गया है कि स्थाई आर्थिक व्यवस्था बनाये रखना जरूरी है। पर्यावरण को क्षति पहुँचाये बिना कोई भी आर्थिक विकास संभंव नहीं है। राष्ट्रीय उत्पादन की वार्षिक बजट योजना में पर्यावरण बजट योजना भी शामिल रहना चाहिए। राष्ट्रीय लेखा प्रणाली में हमारे आर्थिक व्यवस्था और पर्यावरण दोनों का जिक्र होना चाहिए।

यह याद रखने की बात है कि विकास और अधिक राष्ट्रीय उत्पादन का पर्यावरण पर सीधा प्रतिकूल प्रभाव पड़ता है। इसलिए किसी भी विकास योजना में पर्यावरण के प्रति संसाधन विकास का रवैया अपनाते हुए विकासकारी योजनाएँ बनाना चाहिए।

(घ) गरीबीः– यह बहुपक्षिय समस्या है और यह विश्व के लिए चुनौती भी है। जंगल के निकट रहने वाले बासिन्दे और गरीब लोग विभिन्न प्रकार के फल–फूल उपभोग करते हैं। जैसे– आम, अमरूद, पाईन एपल, जामुन, कटहल और सकरकन्द आदि, और जलावन का भी उपयोग करते हैं। इसलिए गरीब लोगों का भी ध्यान रखना चाहिए जब हम पर्यावरण तथा प्राकृतिक संसाधन का प्रबन्धन करते हैं। क्योंकि गरीब सीधे तौर पर अपनी जीविका के लिए प्राकृतिक संसाधन पर निर्भर करते है। स्थाई विकास के क्रम में गरीबी दूर करने के साथ–साथ मर्द एवं औरतों के जीविका के उपाय भी समायोजित रहना चाहिए तथा अन्य आय के साधनों का भी जिक्र रहना चाहिए। भारत जैसे विकासशील देश जहाँ करोड़ों गरीब भोजन न मिलने के कारण भूखे रहते हैं, ऐसे में हम कार्यालयी उत्सवों में होने वाले बेशुमार भोजन की बर्बादी सोच नहीं सकते। इसके अलावा भारत का खाद्य निगम तथा खाद्य शक्ति का ये भी जिम्मेदारी बनता है कि खाद्य सामग्री गोदाम में रखने का प्रबन्ध बिना हानि या बर्बादी के हो जो लापरवाही के कारण हो सकता है।

(च) मानव आबादी बसाने संबंधी मुद्देः—आर्थिक विकास के नतीजे भारत में पर्यावरण परिवर्तन को निम्मलिखित दो पक्षों में समझा जा सकता हैः—

(1) निर्णय लेने वाले इस बात को समझने लगे हैं कि विकासवादी योजनाओं के पीछे प्रतिकूल नतीजे छिपे होते हैं।

(2) कुछ बड़े—बड़े प्रोजेक्ट को नकारने की प्रवृति चल पड़ी है और प्राकृतिक संसाधनों के विकास में जिसमें गरीब निवास करते हैं, आदिवासी जनजातीय महिलाएँ और सरकारी संस्थाओं के अलावा भी अपना योगदान भारत के हर क्षेत्र में करते हैं। वृहद स्तर पर कुछ अलग तरह के कारण हो सकते हैं पर मुख्यतः इन्हीं दो वर्गो के ही अन्दर इसके सारे वजह हो सकते हैं। फिर भी हाल में विश्व बैंक आई एम एफ आदि अन्तर राष्ट्रीय फण्ड उपलब्ध करने वाली संस्थाएँ ऐसे शर्त रखे हैं जिसमें पर्यावरण सुरक्षा की शर्ते लोन निर्गत में रखी गई हैं जो किसी भी देश के लिए उसके विकास कार्यो के लिए दिया जाता है। किसी भी उत्पादन कार्य शुरू करने के पहले सामाजिक आर्थिक सर्वे कराकर उस क्षेत्र में पड़ने वाले पर्यावरण को हानि पहुँचाने वाली सम्भावनाओं का निरीक्षण किया जाता है।

पर्यावरण से संबंधित मुद्दों में जो फ्लोरा ओर फौना से संबंधित होते हैं उस क्षेत्र में उनको विशेष महत्त्व दिया जाता है। किसी प्रोजेक्ट की स्थापना करने में स्वास्थ्य के लिए हानिकारक तत्वों को पहचानने की जरूरत पड़ती है। लेकिन प्लानिंग के दौरान उन लोगों की सुधि नहीं ली जाती है जो आंशिक या पूर्ण रूप से प्रभावित होगें। शुरू में किये जाने वाले योजनाओं में इसी बात को ध्यान में नहीं रखे जाने के कारण विस्थापितों की क्षति—पूर्ति सही रूप से नहीं हो पाती है।

यह दलील दी जाती है कि पर्यावरण व्यवस्था में विस्थापितों के मामलों को प्राथमिकता देनी चाहिए। सैद्धान्तिक अथवा व्यवहारिक क्षेत्र ही इसका जवाबदेह होता है। किसी भी सैद्धांतिक फॉरमूला में मानव हित ही विकास कार्य का मुख्य मुद्दा रहता है। नीति निर्धारण और योजना बनाने तथा निर्णय लेने के हर काम में प्राथमिकता का चुनाव मुख्य विषय होता है।

क्या समाज विकास किसी समुदाय के सामाजिक–आर्थिक और पर्यावरण के आधार को नष्ट कर करना चाहिए ?

क्या विकसित वर्ग का विकास अविकसित वर्ग को और ज्यादा गरीब बनाकर करना चाहिए ?

क्या कुछ नीति निर्धारित करके ही स्थाई विकास किया जा सकता हैं?

क्या इसमें मानव अधिकारों की सुधि लेने का प्रावधान है अथवा नहीं?

तीसरी श्रेणी के देश जैसे भारत, बड़ी लागत से डैम निर्माण करते हैं यह न केवल देश के राष्ट्रीय खर्च की बदौलत होता है परन्तु उस क्षेत्र विशेष के पर्यावरण की बर्बादी की बदौलत भी होता है। डैम निर्माण में भारत विश्व में दूसरा स्थान रखता है और इससे समस्यायें ही देखने में आई हैं। यह ध्यान रखा गया है कि यह फ्लोरा और फौना नहीं जो उस क्षेत्र विशेष का है जहाँ डैम का निर्माण किया जा रहा हो लेकिन उस क्षेत्र के नदियों के दोनों किनारे प्रतिकूल रूप से प्रभावित होते हैं। डैम के निचले भाग में पानी का बहाव क्षीण हो जाता है। यह तभी होता है जब जमा पानी का बहाव कई नालों में प्रवाहित किया जाता है जिससे सिंचाई का काम किया जाता है। समुद्र किनारे जमीन के अन्दर का पानी नमकीन होता है इसलिए वह खेती सिंचाई और पीने के काम नही आता। डैम बनाने के फलस्वरूप जो पर्यावरण को क्षति पहुँचती है, उसकी चर्चा हो चुकी है, फिर भी डैम बनाने के

कारण नदी के किनारे तट को पहुँचने वाली क्षति की ओर अब तक कम ध्यान दिया गया है। आर्थिक खर्च की दृष्टिकोण से ही खर्चीले एवं जटिल तकनीकियों का प्रयोग न करके दर्शाने योग्य डायाग्राम और ग्राफ्स का व्यवहार किया गया। अफसोस इस बात का है कि मानवीय और सामाजिक हानि का अंदाजा लगाना कठिन है। जो लोग हानि करते हैं वे हाईड्रोएलेक्ट्रीक प्रोजेक्ट का लाभ नहीं ले पाते हैं जिन्होंने देश के सपने को साकार करने के लिए कुर्बानी दी है ताकि देश का जीवन स्तर ऊँचा उठे और पश्चिमी सभ्यता की बराबरी में आ जाए। अनुमानित है कि करीबन 15–30 लाख देश की आबादी विस्थापित हो चुकी है। ज्यादातर आबादी एक या अन्य तरह के विकासवादी प्रोजेक्ट के कारण विस्थापित हुए हैं। जो कि ये लोग समाज के कई तबके के हैं लेकिन कई मामले में ज्यादातर आदिवासी जनजाति के लोग ही प्रभावित हुए हैं। ये डैम उन्ही स्थानों पर बनाये जाते हैं जहाँ आदिवासी एवं जन–जातियाँ सदियों से निवास करती आई हैं। उदाहरण के तौर पर देखा जाए तो हम पाते हैं कि जितने ऐसे विस्थापित लोग हैं वे ज्यादातर आदिवासी ही हैं जैसे कारीजान और सुखी प्रोजेक्ट के विस्थापित जो गुजरात में रहते हैं। उड़ीसा के बालीमिला प्रोजेक्ट के केस में 95 प्रतिशत आदिवासी हैं और "कोलार" डैम के केस में 96 प्रतिशत हैं।

"संयुक्त राष्ट्र ने आसियाना को मानवाधिकार घोषित किया है।" विस्थापन बलात प्रक्रिया होने के कारण मानवाधिकार का उल्लंघन है। संयुक्त राष्ट्र ने अपनी घोषणा में आसियाना अथवा निवास स्थान को मानवाधिकार कानून के आर्टिकल 25 (1) के तहत एक मानवाधिकार घोषित किया है। विस्थापन के विस्तार क्रम को देखते हुए विश्वस्तर पर संयुक्त राज्य ने 1991 में एक निर्णय लिया जिसमें और ही साफ–साफ कहा गया है कि बलात विस्थापन आसियाना मानवाधिकार का खुला उल्लंघन है। हाल में 1993 के मानवास्थापन कमीशन के 14वें सेसन में संयुक्त राष्ट्र ने निवास स्थान मानवाधिकार को दूसरे

मानवाधिकारों में शामिल करने का निर्णय लिया है। यह अधिकार जो निवास स्थान अधिकार है इसे मानवाधिकार का आधारभूत कानून का रूप देने का निर्णय लिया गया है। इसके तहत सभी राष्ट्रों को हिदायत दी गई है कि ऐसा कोई भी व्यवहार न करें जिससे उपरोक्त मानवाधिकार का उल्लंघन हो। विशेष रूप से भारी तादाद् में आबादी विस्थापन का कार्य जो जबरदस्ती से किया जाता है, और अन्य किसी भी प्रकार से जातीयता या अन्य आधार पर किये जाने वाले भेदभाव भी निवास स्थान मानवाधिकर का उल्लंघन माना जायेगा। कार्यालयी आँकड़े दर्शाते हैं कि सरदार सरोवर प्रोजेक्ट जो नर्मदा नदी पर बना है उसके कारण 55 प्रतिशत आदिवासी परिवार विस्थापित हो गए।

हाल में मानवास्थापन और पुनर्वास नीति को राज्यों एवं केन्द्र दोनों सरकारों ने देश के विभिन्न भागों में गंभ्भीर मुद्दा करार दिया है जहाँ नागरिकों और सरकारी तंत्र के बीच गलतफहमियाँ हुई हैं। ये लोग जो विस्थापित हो चुके हैं, वे जीवन से निराश और हताश हो गए हैं और यह इसलिए ऐसा हुआ है क्योंकि सरकार और सरकारी एजेन्ट्स हर्जाना भुगतान एवं पुनर्वास प्रबन्धन कार्य सही तरह से नहीं करते हैं।

निम्नलिखित उदाहरण एक हुबहु तस्वीर प्रस्तुत करते हैं जो इस तरह के अन्यायपूर्ण कार्य हुए हैं :—

1. हीरा कुण्ड डैम ओड़ीसा जो 50 साल पहले निर्मित हुआ, लेकिन कुछ विस्थापित लोगों को अभी तक अपने जायदाद का हर्जाना/क्षतिपूर्ति नहीं मिला हैं।
2. साउथ कोरकन स्टील पोस्को, जो दुनियाँ का तीसरा सबसे विशाल स्टील निर्माता है, उसने ओड़ीसा सरकार के साथ एक समझौता दो साल पहले किया है, कि वह 12 मिलियन टन स्टील प्लान्ट 52000 करोड़ लागत से लगायेगा जो भारत में सबसे बड़ा एफ.डी.आई. है। कटक जिले के जगत सिंगपुर

क्षेत्र में पड़ता है, उसे अभी तक अधिग्रहण नहीं कर पाया है क्योंकि इसके ऊपर भारी विरोध, स्थानीय जनता ने किया है।

3. 2 जनवरी 1906 में पुलिस फायरिंग से 13 आदिवासी अपना जीवन खो चुके जो उड़ीसा के कलिंगा नगर कॉम्पलेक्स में पड़ता है।
4. वेस्ट बेंगाल के सिंगुर में 14 आदमी पुलिस फायरिंग में गोली लगने से मरे।
5. नन्दी ग्राम (वेस्ट बंगाल) में पुलिस फायरिंग में कई लोग मरे और वहाँ की समस्या अभी भी बनी हुई है।

मनुष्यों के बसने–बसाने में जो प्रमुख्य कारण हैं वे निम्नलिखित हैं:–

गृह निर्माण और सामाजिक कल्याण जैसे क्षेत्रों में निवेशण का अभाव, जहाँ मानव के घर–बार बसाने की आवश्यक शर्तों में कमी या पूर्ति नहीं की जाती हैं।

स्लम या झुग्गी झोपड़ियों के पुर्नवास तथा देहात के गरीब लोगों को पुर्नस्थापित करने जैसे कार्यो को प्राथमिकता देना चाहिए।

सभी नागरिकों को घर बनवा कर देना चाहिए।

जल का समुचित प्रबन्ध करना तथा कूड़े–कचड़े तथा गन्दे पानी के निकास के सभी प्रबन्ध होना चाहिए।

स्थाई रूप से रहने के लिए लोगों को जमीन उपलब्ध कराना चाहिए।

राष्ट्रीय पुनर्वास और पुनर्स्थापन नीति 2007:–

भूमिपतियों के हित के लिए ही राष्ट्रीय पुर्नवास और पुनर्स्थापना नीति र्निधारित हुई है तथा लागू हुआ है जो 31 अक्टूबर 2007 से लागू हुआ है।

विशेषताएँ:–

आर – आर बिल 2007 के द्वारा पहली बार पुनर्वास एवं पुनर्स्थापन नीति को कानून का दर्जा दिया गया है।

इस नीति को न केवल विस्थापितों के हित की रक्षा के ख्याल से अपनाया गया है अपितु सार्वजनिक सेवा के लिए प्रोजेक्ट के नाम पर भूमि अधिग्रहण करने वालों पर भी लागू है।

इस आर – आर नीति का लाभ केवल उनको जिनकी जमीन अधिग्रहण की जाती है परन्तु उन परिवारों को भी लाभ मिलेगा जिनके जीविकोपार्जन का साधन पर प्रतिकूल प्रभाव पड़ता है अर्थात् जो किसी भी प्रकार का टेनियोर होल्डर (रैयत) हो लीज होल्डर हो या खेती लायक या खेती के लायक न भी हो ऐसे जमीन के मालिक हो और जो किसी प्रकार के जमीन के मालिक न भी हों या छोटा–मोटा व्यवसाय करने वाले हों।

400 या इससे अधिक परिवार जो समतल भूमि में रहते हैं और 200 परिवार या इससे अधिक जो आदिवासी परिवार हों और जो पहाड़ी क्षेत्र में रहते हों उनके केस में एक बहुपक्षिय निर्यात ग्रुप बनाया गया जो स्वतंत्र रूप से समाज को प्रभावित करने वाले तत्वों की समीक्षा करेगा।

आर – आर कमेटि जिसमें एस सी/एस टी और महिला सदस्य रहते हैं, उसके द्वारा स्टेक होल्डरों अर्थात् हर समस्या के सामना करने के लिये तैयार रहने वाले लोगों की सहभागिता।

पुर्नवास एवं पुर्नस्थापन कार्य संचालन समय से प्रभावशाली ढंग से हो उसका इन्तजाम करना।

जमीन अधिग्रहण कानून 1894 में सुधार लाना, जो आर – आर नीति 2007 में जितने सुधार होते हैं, उसमें सम्माहित हो जाए।

पुर्नवास और पुनर्स्थापन नीति से लाभान्वित परिवारः–

विस्थापित परिवार के लोग घर बनाने के लिये स्वेच्छापूर्ण जमीन मुफ्त में प्राप्त करेंगे।

जो गरीबी रेखा से नीचे के लोग हैं उनको मुफ्त में घर दिया जाएगा।

जमीन के बदले जमीन, सरकारी जमीन की उपलब्धता के आधार पर दिया जाएगा।

यदि जमीन या नौकरी नहीं दी जाती है तो प्रोजेक्ट प्रभावित परिवारों को पुर्नवास ग्रान्ट 750 दिन के कृषि वेतन के बराबर दिया जाएगा जिसका कुछ भाग शेयर अथवा डेवेनच्यूर के रूप में उपलब्ध कराया जायेगा।

भूमि विकास योजना के तहत विकसित जमीन या बनावटी जमीन में से प्रोजेक्ट प्रभावित परिवारों को दी जाएगी।

प्रोजेक्ट प्रभावित परिवारों को उन क्षेत्रों में जो सिंचाई एवं जलपरियोजना के तहत् विद्युत उत्पादन होते हैं, जमीन का आवंटन प्राथमिकता के आधार पर किया जाएगा।

प्रोजेक्ट प्रभावित परिवारों को डैम में मछली पकड़ने की छूट प्राथमिकता के आधार पर दी जाएगी।

अधिग्रहण किए गए जमीन के एवज में वैसी जमीन आवांटित की जाएगी जो खेती करने के लायक नहीं हो और भूमि विकास ग्रान्ट प्रति हेक्टर 15000 के दर से भुगतान किया जाएगा।

कृषि लायक भूमि आवंटन के केश में अधिग्रहीत जमीन के बदले कृषि उत्पादन के लिए 10000 रूपये दिये जायेंगे।

आवंटित जमीन के रजिस्ट्री करने के खर्च प्रभावित परिवार समूह द्वारा उठाये जाएगें।

प्रोजेक्ट प्रभावित परिवार के पति–पत्नी दोनों के नाम से जमीन आवांटितकी जायेगी।

गाय–बैल रखने वाले परिवारों को गोहर घर निर्माण हेतु 15000 रूपये दिये जायेगें।

प्रोजेक्ट प्रभावित परिवारों को परिवहन भत्ता के रूप में 10000 रूपये दिये जायेंगे जिससे कि वे नये आवंटित स्थान में अपने घरेलू साज–सामान ले जा सकते हैं।

प्रोजेक्ट प्रभावित परिवार जो स्वरोजगार अपनाये हुए है, उन्हें 25000 रूपये एक बार में दिये जायेंगे जिससे वे दुकान घर बना सकें।

प्रोजेक्ट के काम दिलाने में रिक्वैरिंग बॉडी वैसे प्रोजेक्ट प्रभावित परिवारों को सहयोग प्रदान करेंगे।

- *प्रोजेक्ट प्रभावित परिवार के कम से कम एक व्यक्ति को नौकरी, रिकृता और योग्यता के आधार पर उपलब्ध कराई जायेगी।*
- *प्रोजेक्ट प्रभावित परिवार के सदस्यों को ट्रेनिंग दिलाने का प्रावधान मुहईया की जायेगी।*
- *प्रोजेक्ट प्रभावित परिवार के सदस्यों को कई प्रकार के आर्थिक अवसर उपलब्ध करने, समझौता करने तथा श्रम शक्ति के इस्तेमाल आदि अवसरों के लाभ हासिल करने में प्राथमिकता दी जायेगी।*

प्रोजेक्ट प्रभावित परिवार के बच्चों को छात्र–वृत्ति दी जायेगी।

न्यूनतम वेतन दर से माहवारी जीवन निर्वाह अनुदान 25 दिन का एक साल के लिए हर प्रोजेक्ट प्रभावित परिवार को दी जायेगी।

प्रोजेक्ट प्रभावित व्यक्तियों को हर महीने 500 रूपये के दर से पेन्शन मिलेगा।

लीनियर प्रोजेक्ट के मामले में प्रभावित परिवारों को कम से कम 20000 रूपये अनुदान दिया जायेगा यह राशि क्षति–पूर्ति और अन्य लाभ के अलावा होगा।

आदिवासी के केस में क्षति–पूर्ति भुगतान का एक–तिहाई भाग उन प्रोजेक्ट प्रभावित परिवारों को दी जायेगी और बाकी भुगतान कब्जवारी लेने के पहले भुगतान की जायेगी।

इस नीति के अनुसरण में निम्नलिखित संसोधन, भूमि अधिग्रहण कानून 1894 में प्रस्तावित किये गए हैं।

कम्पनियों को भूमि आवंटन का प्रावधान रद्द कर दिया गया है।

निजी कम्पनियों के लिए सरकार भूमि मूहैया कराएगी उस शर्त पर कि जब जरूरतमंद कम से कम 70 प्रतिशत भूमि खरीदते हैं और तब सरकार बाकी 30 प्रतिशत भूमि अधिग्रहण करेगी।

इच्छुक व्यक्तियों के साथ अदिवासी तथा परम्परा से जंगल में निवास करने वालों को भी उसमें शामिल किया जायेगा।

अधिग्रहण की गई जमीन की क्षति पूर्ति बाजार दर से की जायेगी।

हर्जाना भुगतान विस्थापन के पहले, पूर्व निश्चित समयानुसार होना चाहिए।

सिविल कोर्ट द्वारा समय से विस्थापित व्यक्तियों को क्षतिपूर्ति दिलाने का प्रावधान है।

जो जमीन किसी उद्देश्य से अधिग्रहण किया गया हो और इसका उपयोग नहीं किया गया तो तुरन्त राज्य सरकार को वापस किया जायेगा।

यदि अधिग्रहण की हुई जमीन का हस्तांतरण किसी अन्य संस्था या पार्टी को किया जाता है तो उस जमीन का 80 प्रतिशत अनअर्जित मुनाफा का भाग मूल मालिकों को भी दिया जायेगा।

(छ) भूमि संसाधन :–

जमीन एक सीमित संसाधन है। जमीन के तहत मिट्टी, खनिज पदार्थ और वियोटा आदि प्राकृतिक संसाधन शामिल हैं। ये सभी संसाधन जीवन निर्वाह के लिए बहुत ही सहायक प्रणाली साबित होते हैं। आबादी के बेरोक–टोक वृद्धि के कारण और ही अधिक घर की जरूरत होती है जिसके लिए जमीन की जरूरत पड़ती है। औद्योगिक विकास के कारण गति से जमीन की भी मांग बढ़ने लगती है और इससे खेती लायक जमीन (ग्रीन लैंड) का भी घर के लिए उपयोग होने लगता है।

इसके अलावा, जंगल उजड़ने से बाढ़ एवं मिट्टी का कटाव होता है जिसमें करीबन 800 हेक्टेयर भूमि प्रतिवर्ष बर्बाद हो जाती हैं। इससे जमीन कम हो गई और अन्ततः इसका नतीजा खाद्य–पदार्थ की कमी हो जाना है।

इस तरह स्थाई जमीन की व्यवस्था करना कठिन हो जाता है। सरकार को चाहिए कि योजना कार्यान्वयन एवं निगरानी तथा समेकित रूप से जमीन संसाधन को उपयोग में लाना चाहिए और सबसे निचले तबके के लोगों का संस्कृति –करण होना चाहिए ताकि योजनाओं को लागू करना उनकी निगरानी भूमि संसाधन प्रबन्धन प्रोग्राम अनुसार हो सके।

यहाँ यह कहना आवश्यक समझा गया कि देश के अनेक भाग से कड़ा विरोध जताया जा रहा है और सरकार इससे एक कठिन परिस्थिति का सामना कर रही है, न केवल एस. ई. जेड. (SEZ) के

लिए, परन्तु अरसेलर–मित्तल, एसार, जिन्डाल और टाटा आदि कम्पनी, जमीन अधिग्रहण नहीं कर पा रहे हैं।

(ज) जंगलः–

देश का 1/5 क्षेत्र भाग में जंगल शेष बाकी है। सरकारी आँकड़े 76.52 मिलियन हेक्टर भूमि जंगल की दिखाते हैं जो देश का भौगोलिक क्षेत्र का 23.3 प्रतिशत भाग है। परन्तु हाल के सर्वे रिपोर्ट के मुताबिक वास्तव में देश के 63.34 मिलियन हेक्टर याने 19.27 प्रतिशत क्षेत्र में जंगल है।

जंगल देश के आर्थिक, सामाजिक और पर्यावरण संतुलन बनाये रखने में महत्त्वपूर्ण रोल अदा करता है। भारत जैसे विकासशील देश में जंगल को अधिक महत्त्व दिया जाता है। भारत जो कि मूलतः कृषि प्रधान देश है, कृषि के लिए जंगल बहुत ही अच्छा और जरूरी जलवायु बना के रखता है। जब जंगल सुरक्षित नहीं रखा जायेगा, तो कृषि का भविष्य खतरे में पड़ जायेगा। जंगल मिट्टी कटाव रोकता है तथा पौष्टिक आहार उपलब्ध कराता है। जंगल हाईड्रोलोजिक प्रणानी को बनाये रखने में सहायक है और जल स्रोत बनाये रखता है।

जंगल कई प्रकार के जंगली जानवर और पेड़–पौधे का खजाना है। यह खाद्य सामग्री को देश के लिए बचा के रखता है जिससे कि किसी प्रकार की किल्लत पैदा न हो।

भारत में जंगल का प्रभाव इसके जलवायु संतुलित रखने तथा जमीन की उर्वरता बनाये रखने के लिए जरूरी समझा जाता है। अति वृष्टि से होने वाले हानिकारक प्रभाव उन स्थानों में जहाँ जंगल उजड़ा हुआ हैं, पानी नंगे जमीन पर बहता है, और आस–पास जगहों को कोई फायदा नहीं पहुँचता है, इससे बाढ़ भी आ सकती है, जो भारी नुकसानदेह हो सकती है। संक्षेप में कहा जा सकता है कि जंगल सिंचाई कार्य के लिए विशेषकर भारत जैसे देश के लिए बहुत

ही आवश्यक प्राकृतिक देन है। नियमित रूप से पानी की आपूर्ति नहीं होने पर अचानक आने वाले बाढ़ के पानी से आवश्यकता की पूर्ति हो जाती है। भारत में पानी का महत्त्व आर्थिक लाभ से भी बढ़कर महत्त्व रखता है। यह मानी हुई बात है कि जंगल का पुनर्स्थापन सम्भव है और उससे आर्थिक विकास होता है क्योंकि वस्तुओं के उत्पादन एवं सेवा कार्य औद्योगिक ईकाइयों को उपलब्ध होते हैं। इससे जंगल के निवासी भी लाभान्वित होते हैं।

जंगल के प्रमुख कार्यः– जंगल रोजगार उपलब्ध कराते हैं। देश को ऊर्जा आवश्यकता का करीब 40 प्रतिशत ऊर्जा जंगल से प्राप्त होती है। देहाती क्षेत्रों को 80 प्रतिशत ऊर्जा जंगल प्रदान करता है और गरीब लोगों को इसका सीधा लाभ पहुँचता है।

जंगल जलवायु संतुलन बनाये रखने तथा पर्यावरण के गुणत्व बनाये रखने में बड़ा पार्ट अदा करते हैं।

जंगल मिट्टी–कटाव रोकते हैं।

वे पानी की सतह को ऊपर ही बनाये रखते हैं तथा जल चक्र को नियमितता प्रदान करते हैं।

जंगल का उत्पाद देहाती और आदिवासियों के लिए बहुत ज्यादा महत्त्वपूर्ण स्थान रखता है। जंगल के अनेक उत्पाद गरीब आदिवासियों के जीवन निर्वाह में बहुत ही सहायता प्रदान करते हैं जिसमें ऐसे उत्पाद जो व्यवसायिक न भी हों। देहात के लोग जंगल से दवा–दारू के लिये जड़ी–बुट्टी तथा जलावन आदि प्रति–दिन की आवश्यकता के अनुसार जंगल से इकट्ठा करते हैं।

जिनके जमीन नहीं होते वैसे परिवारों के भरण–पोषण के लिए जंगल साधन उपलब्ध कराता है।

जलावन की लकड़ी बटोरने में ही 3000 से 5000 मिलियन मैन डे एक साल में लग जाता है।

आदिवासियों के जीवन निर्वाह के लिए जंगल ही एक मात्र आधार है। ऐसे आँकड़े दिखाते हैं कि 33 प्रतिशत आदिवासी अपनी जीविका जंगल से ही प्राप्त करते हैं।

अनेक नियम कानूनों के बावजूद जो जंगल की रक्षा के लिए बनाये जाते हैं, लोग जंगल की अंधाधुध कटाई करते है। इससे जंगल उजड़ जाता है, और कई जंगली जानवर लुप्त हो जाते हैं, जिससे प्राकृतिक पर्यावरण का संतुलन बिगड़ जाता है।

इस तरह हम देखते हैं कि जंगल जमीन और जंगल के उचित व्यवस्था के लिए जरूरी है कि एक तर्क संगत व्यवहार अपनाई जाए। जंगल के स्थाई विकास, जंगल के उत्पाद, तथा जंगल से संबंधित सेवा आदि सरकारी स्तर पर व्यवस्था होना चाहिए।

भारत सरकार के गलत रवैये के चलते और स्वार्थपूर्ण उद्देश्यों की पूर्ति के कारण जंगल के प्राकृतिक संसाधन ब्रिटिश शासन के समय और उसके बाद विगत कई दशकों से क्षीण अवस्था में हैं। देश के मात्र 19.27 प्रतिशत भौगोलिक क्षेत्र में जंगल शेष बचा हुआ है। जंगल से वार्षिक आय जो वर्तमान दाम के दर से मात्र 300000 मिलियन है। जंगल की सुरक्षा तथा विकास की आवश्यकता इन्ही आंकड़ों से आँकी जा सकती है।

(झ) पहाड़ः–

यह सुनिश्चित है कि 10 प्रतिशत, दुनियाँ की आबादी का, सीधे तौर पर पहाड़ों के संसाधनों पर निर्भर करता है। लेकिन आबादी के बहुत अधिक बढ़ जाने के कारण, खानों की खुदाई के कारण पहाड़ों के संसाधन स्रोत पर प्रतिकूल प्रभाव पड़ रहा है। इसलिए पहाड़ों पर बसने वाले लोग संसाधनों की कमी और गरीबी झेल रहे हैं। पहाड़ों के ऊपर फैलने वाली आग भी एक गम्भीर समस्या बन गई है। हजारों हजार पेड़ जल जाते हैं जिससे बहुत बड़ी हानि उठानी पड़ती है, जिससे जंगली जानवर आदि की संख्या कम हो जाती है।

इसलिए पहाड़ व्यवस्था दुरुस्त करना जरूरी बात है जिससे पहाड़ों से संबंधित संसाधनों तथा वहाँ के बासिन्दों का अच्छा ख्याल रखा जाए ताकि उनकी आर्थिक सामाजिक स्थिति सही रहे।

(ज) कृषिः–

भारत की 60 प्रतिशत जनता देहातों / गाँवों में निवास करती है जो कृषि पर निर्भर करती है। इतनी बड़ी आबादी को सम्भालने के लिए जमीन की उपज बढ़ाने की आवश्यकता होती है। खाद्य पदार्थों की वृद्धि से जो सीमित जमीन की उपज का परिणाम है, उसमें उन्नत किस्म की फसल लगाने की जरूरत होती है जिसके लिए रासायनिक खाद तथा कीटनाशक दवाओं के व्यवहार की जरूरत पड़ती है। रासायनिक खाद तथा कीटनाशक दवाइयाँ पर्यावरण पर असर डालते हैं।

इसलिए यह बहुत ही आवश्यक बात है कि कृषि एवं पर्यावरण के बीच संतुलन हो, साथ ही और ज्यादा पर्यावरण में घुस–पैठ करना बन्द करना चाहिए।

केन्द्रीय सरकार 11 वीं 5 वर्षीय योजना को सफल बनाने की दिशा में अच्छा प्रयास कर रही है।

(झ) समुद्री सुरक्षाः–

भारत का तटवर्ती इलाका 7500 किलो मीटर से अधिक है। समुद्री व्यवस्था के लिए समुद्री संसाधन और द्वीप बहुत महत्त्वपूर्ण है। बहुत से गरीब लोग समुद्री तटवर्ती इलाकों में निवास करते हैं। इसी कारण से समुद्री तटवर्ती इलाके पर घनी आबादी का काफी दबाव रहता है और मिट्टी कटाव का डर हमेशा बना रहता है।

समुद्री तट हमेशा गन्दगी तथा गन्दी नालियों के कारण वहाँ का वातावरण प्रदूषित अवस्था में रहता है। कूड़े–कचड़े का ढेर जमा रहता है। प्लास्टिक के बहते कचड़े जो शहरों की नालियों से बहकर

किनारे जमा हो जाते है, तेल टैंकर से गिरने वाले तेल आदि। यह देखा जाता है कि बॉम्बे, कलकत्ता, चेन्नई जैसे बड़े–बड़े नगरों के कूड़े–कचड़े समुद्री तटवर्त्ती इलाकों में फेंके जाते हैं जिससे इन इलाकों का पर्यावरण दूषित रहता है। इससे वहाँ के उत्पादन पर प्रतिकूल प्रभाव पड़ता है।

समुद्री उत्पाद जैसे मछली, केंकड़े, कछुए आदि से हजारों हजार लोगों की रोजी–रोटी चलती है। इसलिए यह जरूरी है कि कूड़े–कचड़े का उचित प्रबन्ध हो ताकि समुद्री उत्पादन पर किसी प्रकार का प्रतिकूल प्रभाव न पड़ सके।

(ञ) व्यवसाय एवं उद्योगः–

पूर्वकाल में व्यवसाय का मतलब मुनाफा कमाना होता था जिसके लिए संसाधन का अंधाधुंध इस्तेमाल किया जाता था लेकिन अभी व्यवसाय और उद्योग को पर्यावरण से जोड़ा गया है ताकि उपलब्ध संसाधन का समुचित उपयोग हो सके।

इस तरह हम देखते हैं कि राज्य सरकार को एक कला कौशल के नजरिये अपनाते हुए कार्य करना है और उत्पादन के तौर तरीके, कच्चे माल का उपयोग, स्थानान्तरण और उत्पादन की पुर्नावृति, कूड़े–कचड़े में कमी लाना जिससे पर्यावरण को प्रदूषित होने से बचाया जा सकता है और प्राकृतिक संसाधनों की सुरक्षा हो सकती है।

कुछ दूरदर्शी नेता जो उद्योग चलाते हैं, वे पर्यावरण पर प्रतिकूल प्रभावों को मद्देनजर रख कर पर्यावरण का डिजाईन तथा ऑडिट का आधार आई. एस. ओ. (14001) को बनाकर स्थाई विकास कायम करने की दिशा में प्रयासरत हैं। एक नये बाजार की कल्पना की जा रही है जो धन कमाने का अद्भुत जरिया होगा। जल विकास एवं कानूनी प्रावधानों के तहत स्थाई विकास का निर्माण किया जाएगा।

(ट) पर्यावरणः–

डिफिसिट बजट और आर्थिक संकट हल करने के लिए अर्थशास्त्री अंतर राष्ट्रीय मुद्रा फण्ड से ऋण लेकर संतुलन स्थापित करने का प्रयास कर रहे हैं। यहाँ यह चर्चा करने योग्य बात है कि जब चन्द्रशेखर प्रधानमंत्री थे उस समय देश में उपलब्ध सोने को गिरवी रखकर एक निश्चित अवधि के लिए उन्होंने ऋण लेकर डिफिसिट बजट एवं आर्थिक संकट दूर करने का निर्णय लिया था। पर्यावरण के मुद्दे में अभी हम लोग डिफिसिट तैयार कर रहे हैं जिसका पुनर्स्थापन सम्भव नहीं है। इसे पर्यावरण डिफिसिट कहा जाता है। यहाँ यह सुनिश्चित करना जरूरी हो गया है कि हम पर्यावरण में और ज्यादा डिफिसिट नहीं कर सकते हैं और आर्थिक विकास के नाम पर प्राकृतिक संसाधनों का शोषण नहीं कर सकते। इसलिए इस समस्या से उबरने का हमारा तरीका यह होना चाहिए कि सभी विकास से संबंधित योजनाओं में पर्यावरण व्यवस्था अपनाना आवश्यक बनाया जाये।

भारत में गंगा ऐक्शन प्लान जैसे योजनाएँ बनाने का प्रयास हो रहा है। जल संग्रह और जल–जमीन विकास की योजनाएँ बन रही हैं।

(ठ) गाँव एवं समुदाय की सहभागिताः–

स्वर्गीय पंडित नेहरू के समय से ही गाँव एवं ग्राम समुदाय की सहभागिता पर्यावरण विकास में महत्वपूर्ण मानी गयी है। इसी लिए पंचायती राज्य की कल्पना की गई। क्योंकि करीब 70 प्रतिशत आबादी गाँव में बसती है। गाँव में ही चारागाह हैं, जंगल है, नदी–नाले हैं जो गाँव की अचल सम्पति कहे जाते हैं। गाँव के लोग ही ठीक रीति से इनकी व्यवस्था तथा रख–रखाव कर सकते हैं।

ब्रिटेन की सरकार ने इनका राष्ट्रीयकरण किया था तथा उन्हें देश की सरकार के नियंत्रण में कर दिया था। इसलिए जल–जंगल जमीन

आदि प्राकृतिक संसाधनों की रक्षा एवं हिफाजत अच्छी तरह से नहीं हुई चूँकि ग्रामीन जनता के सहयोग और सहभागिता की जरूरत नहीं समझी गई।

यहाँ यह ध्यान देने योग्य बात है कि उड़ीसा में महिलाओं ने जंगल की रक्षा का बीड़ा उठाया है और वन–विभाग के कर्मचारियों के साथ सहयोग करने का संकल्प लिया है।

(ड) वायोडायभरसिटीः–

पेड़ पौधों तथा जानवरों की जाति एवं प्रकार की विभिन्नता को ही वायोडायभरसिटी कहा गया है। यह तीन स्तर पर बाँटा गया हैः–

(1) जेनेटिक वायोडायभरसिटी।

(2) स्पेसिस वायोडायभरसिटी।

(3) एकोसिस्टम वायोडायभरसिटी।

यह पाया गया है कि मानवीय कार्य व्यवहार के फलस्वरूप ही वायोडायभरसिटी की समस्या उत्पन्न होती है जो पर्यावरण के लिए डर पैदा करता है। चूँकि देखा जा रहा है कि बहुत से जानवरों की जातियाँ दुनियाँ से लुप्त होती जा रही हैं।

संयुक्त राष्ट्र कॉन्फ्रेंस में जो पर्यावरण पर 1992 में हुई उसमें बायोलॉजिकल विभिन्नता को अंतरराष्ट्रीय मुद्दा बनाया गया है और बायोलॉजिकल डायभरसिटी पर हुए सम्मेलन में हस्ताक्षर किया गया। यह सम्मेलन आई.पी.आर.एस. याने कृषि जंगल से लेकर सम्पति अधिकार तक सम्मेलन का विषय बना दिया गया है। भारत ने भी इस पर अपना हस्ताक्षर किया है जो 1993 में सहमति बन चुकी है।

भारत ने सन् 2002 में वायोडायभरसिटी बिल पार्लियामेन्ट में पास कर दिया है।

''पर्यावरण एवं व्यवसायिक स्कूल''

बिजिनेस वातावरण निम्नलिखित बातों पर निर्भर हैः–

(1) बाह्य वातावरण जो सामाजिक राजनैतिक तथा अन्तरराष्ट्रीय और प्राकृतिक वातावरण।

(2) भीतरी वातावरण यह देश की आबादी देश की संस्कृति, कार्य संस्कृति और विश्वास तथा भावनाओं पर आधारित।

(क) प्रायः सभी संस्थाएँ पर्यावरण पर ध्यान दे रही हैं।

(ख) सरकार एवं सरकारी एजेन्सी तथा गैर सरकारी एजेन्सी, जुडीसियरी, और कोरपोरेट सेक्टर में भी पर्यावरण को विशेष स्थान दिया जा रहा है।

(ग) UNEP जैसे संयुक्त राष्ट्र पर्यावरण प्रोग्राम जैसे IMF विश्व बैंक आदि अर्न्तराष्ट्रीय स्तर पर प्रयास कर रहे हैं और संयुक्त राष्ट्र विकास फण्ड ने पर्यावरण रक्षा एवं पर्यावरण बचाव कार्यो पर पूरा ध्यान दिया है ताकि एक स्थाई समाज का निर्माण हो सके।

अर्थशास्त्री प्रकृति संसाधन व्यवस्था पर अपना दायित्व निभा रहे हैं और इसके स्थाईत्व पर ध्यान रखे हुए हैं। अभी सवाल इस बात का है कि प्रबन्धन जो प्रबन्धकों को प्रशिक्षित कर रहे हैं, वे इस मुद्दे पर क्या कर रहे हैं विशेषकर औद्योगिक ईकाइयों और व्यवसायिक संस्थाओं के प्रति उनका क्या सच है क्योंकि पर्यावरण पर इनका असर प्रतिकूल होता है।

इसका जवाब मात्र इतना है कि––98 प्रतिशत बिजिनेस स्कूल पर्यावरण पर अपना पाठ्यक्रम नहीं बना पाये हैं जिसके निम्नलिखित कारण हैः–

(1) राज्यों के अन्दरूनी बातें –

(2) केन्द्र तथा राज्य सरकारों के पास पर्यावरण निकास संबंधी कोई ठोस नीति नहीं है।

(3) सरकार द्वारा लगातार कार्य हस्तक्षेप की आवश्यकता है केवल कानून बनाकर लागू कर देने से सब काम नहीं हो जाता है।

(4) दिन–प्रतिदिन हमारे जीवन आधार–हवा, पानी, प्राकृतिक संसाधनों में लगातार कमी होती जा रही है जिसे रोकना जरूरी है।

(5) प्रौद्योगिक ईकाइयों उन प्राकृतिक संसाधनों का उपयोग करते जा रहे है जिनका पुनर्स्थापन नामुमकिन है।

(6) सरकार को इसलिए चाहिए कि वह प्राकृतिक संसाधनों के मूल्य निर्धारित करें और नियंत्रित करें और उनका सम्मुचित उपयोग हो सके। यह प्रबन्धन के प्रशिक्षण संबंधी चुनौती का मुद्दा है।

(2) व्यवसायिक संस्थाओं की लापरवाही और औद्योगिक क्षेत्रः–

औद्योगिक मानसिकता तथा व्यवसायिक कम्पनी का परिवर्तन जरूरी है। पर्यावरण को स्थिर रखना कठिन है तथा अत्यन्त खर्चीला है। कम्पनी के प्रबन्धन को यह जानना चाहिए कि पर्यावरण नियंत्रण के नियमों को पालन करते हुए और कानूनी कारवाईयों से दूर रहकर पर्यावरण ऑडिट कराना चाहिए साथ ही दूसरे उपायों का सहारा लेते हुए पर्यावरण की समस्याओं का निदान ढूंढ़ना चाहिए। यहाँ यह कोई अतिश्योक्ति नहीं है कि विकसित देश पर्यावरण की हर समस्या का सामना करने के लिए तैयार रहते हैं और अपने व्यवहार और संस्कृति द्वारा संस्थागत तरीके से समस्याएँ सुलझाने के लिए पहल करते हैं। यह याद रखने योग्य बात है कि पर्यावरण समस्या का निदान कठिन है। केवल तकनीकी विकास और आई. एस. ओ. 14000 अपनाने से ही सारी समस्याएँ हल हो जायेंगी ऐसी बात नहीं है।

कम्पनियों के कामगारों को पर्यावरण का प्रशिक्षण देना चाहिए। संस्थाओं में व्यवहार एवं प्रशिक्षण में पर्यावरण स्थिरता तथा विकास के सिंद्धातों को अपनाने की जरूरत है। यह अच्छी तरह जान लेना चाहिए कि पर्यावरण समस्या को प्राथमिकता देते हुए स्थाई विकास की बात सोचनी चाहिए। कुछ ही दिनों के उपरान्त निवेशक कम्पनियों को उनकी पर्यावरण व्यवस्था के माप दण्ड पर उनकी श्रेष्ठता का मूल्यांकन करेंगे।

(3) निपुण प्रबंधकों की कमी:–

एक प्रोफेसर उस विषय पर लेक्चर नहीं दे सकता जिसकी उसे जानकारी नहीं रहती। शिक्षकों को ऐसा प्रशिक्षित करना चाहिए कि न केवल पर्यावरण का ज्ञान और प्रशिक्षण दें परन्तु अपने शिष्यों को जो भावी प्रबंधक है, वे इन मुद्दों का समावेश निर्णय लेने के काम में भी व्यवहार करें।

उनको यह जानना चाहिए कि पर्यावरण मुद्दे केवल सरकारी नियंत्रण के प्रति जवाबदेह नहीं है परन्तु वृद्ध रूप में नीति निर्धारण करना चाहिए।

पर्यावरण तथा जंगल मंत्रालय भारत सरकार द्वारा आई.आई. एम.ए. (IIMA) और IIMT (गाजियाबाद) के सहयोग से कार्यशाला का आयोजन प्रारम्भ किया गया है।

(4) पढ़ने के लिए किताबों की कमी:–

केस स्टडी, आँकड़े आदि उपलब्ध नहीं होने के कारण भारतीय परिवेश में पर्याप्त जानकारी हासिल करना कठिन है। भारतीय औद्योगिक संयुक्त संस्था (CII) इस दिशा में प्रयत्नशील है। इस दिशा में सफलता हासिल करने के लिए आँकड़े इकट्ठे किये जा रहे है।

(5) चैम्बर्स ऑफ कॉमर्श इस दिशा में कोई दिलचस्पी दिखा नहीं रहे हैं।

- एफ.आई.सी.सी.आई. जैसे संस्थाएँ जो औद्योगिक व्यवसायिक

संस्थाएँ है, जिनसे उद्योग तथा व्यापार के क्षेत्र में अपेक्षाएँ की जाती हैं, लेकिन उनसे निराशा ही हाथ लगती है।

- अभी यह जरूरी है कि इन संस्थाओं में आपसी तालमेल बने, बिजिनेस स्कूल और विश्वविद्यालय भी सम्मिलित होकर पर्यावरण की सुरक्षा तथा विकास के लिए काम करें। कॉरपोरेट कनजरवेशन कौंसिल (CCC) में जो संयुक्त राज्य अमेरिका के पहल पर पर्यावरण की सुरक्षा के लिए 15 साल पहले यह विचार किया गया, उसे एक सामूहिक विचार का माध्यम बनाया गया है।
- इसका नतीजा यह हुआ कि बिजिनेस स्कूलों के लिए पर्यावरण व्यवस्था पाठ्यक्रम के रूप में स्वीकृत हो गया।
- सी.सी.सी. (CCC) ने 15 कार्यपालकों की कमिटी बनाकर कम्पनियों के लिए पर्यावरण संबंधी मुद्दे पर कार्यवाही करने की जिम्मेदारी सौंपी।
- भारत में कुछ उच्च स्तरीय कम्पनियाँ टी.ई.आर.आई. (TERI) द्वारा बने पर्यावरण चार्टर पर अमल करने के लिए सहमत हो गयी हैं। यह भारत की संयुक्त जिम्मेदारी बन गई जिसके तहत् पर्यावरण के प्रति अपना कर्त्तव्य निभायेंगी।
- टी.ई.आर.आई. (TERI) के अन्दर जो कम्पनियाँ शामिल हैं उनका नाम–गुजराती अम्बुजा, अशोक लीलैंड, हिन्दुस्तान यूनीलीवर, रिलायंस, टिस्को, आई.टी.सी. (ITC) होटेलस, आई.ओ.सी. (IOC), भेल (BHEL) डियूपोंट और ए.बी.बी. (ABB).

''ग्लोबलाइज्ड आर्थिक व्यवस्था में चिरस्थाईत्व''

- कुछ अलग ही तरह की नीति अपनाने की जरूरत है जो विश्व स्तर पर स्थाईत्व सुनिश्चित करें।

- यह एक ऐसी प्रणाली हो, जो न्याय संगत हक या सम्पति अधिकार स्थापित कर सके, जिससे आर्थिक लाभ उन लोगों को मिल सके, जो इस पर्यावरण को स्थाईत्व कायम करते हुए उपभोग करते हैं।
- एक ग्लोबलाइज्ड आर्थिक व्यवस्था में जो लोग अपने हक से अधिक पर्यावरण का उपभोग करते हैं, उनको अतिरिक्त पर्यावरण लाभ लेने के एवज में, खर्च या भुगतान करना होगा उनको जो अपने हिस्से का पूरा लाभ नहीं लेते हैं।
- वैश्विक या वैश्वी उष्णता का सामना करने के लिए एमिशन मैकेनिज्म विकसित करना होगा जो उनको सजा देने में सहायक होता है, जो लोग अपने हिस्से का पूरा–पूरा उपभोग नहीं कर पाते हैं।
- पूरी दुनियाँ भविष्य में एक बड़ी चुनौती का सामना करने वाली हैं लेकिन आम नागरिकों का समाज और बदलते सामाजिक व्यवस्था सब को यकीन दिलाएगा कि प्रकृति का अपना ही अलग नियम है जो अपना प्रतिशोध खुद लेती है जब इसकी क्षमता का अति उपभोग किया जाता है।
- कुछ वर्षो के बाद उपभोक्ता कम्पनियों का चुनाव उस आधार पर करेंगे कि कौन कम्पनी ज्यादा से ज्यादा पर्यावरण के प्रति अपना कर्तव्य निभाती है।
- किसी भी कम्पनी का मूल्यांकन प्राकृतिक संसाधन उपभोग करने की क्षमता के आधार पर करेंगे।
- विद्यार्थियों को यह समझना होगा कि उन्हें प्रबंधक की हैसियत से निर्णय लेने के सिलसिलें में इन मुद्दों को सम्मिलित करना चाहिए।

- उन्हें यह समझना चाहिए कि पर्यावरण मुद्दों का सही देख–रेख सिर्फ सरकारी नियंत्रण तक ही सीमित नहीं है परन्तु विश्व स्तर पर ऐसी नीति निर्धारित होनी चाहिए जो प्राकृतिक पर्यावरण और नैतिक व्यवहार के अनुकूल हो।

अस्थाई से स्थाई विकासः–

इसमें दो मत नहीं कि विगत सदी से अब तक में अर्थ व्यवस्था का उचत्तर विकास हुआ है। जीवन स्तर लगातार ऊँचा उठा है, संचार व्यवस्था में क्रांतिकारी विकास हुआ है। बहुत सी बीमारियाँ रोकी गई हैं। यातायात में अभूतपूर्व उन्नति हुई है। विज्ञान एवं तकनीकी विकास हुआ है। ये सभी मिलकर मानव कल्याण में वृद्धि हुई है और इससे भी बढ़कर उपलब्धी की सम्भावना है तथा आर्थिक उपलब्धी भी अधिक मिलने की सम्भावना है। जनसंख्या वृद्धि के फलस्वरूप ज्यादे से ज्यादा गेहूँ, चावल, आलू, अनाज आदि की मांग बढ़ जाती है, परन्तु सीमित जमीन होने के कारण उसका शोषण बढ़ जाता है जब ज्यादा खेती के लिये उपयोग होने लगता है जिसे ग्रीन रेवेल्युऐशन या हरित क्रांति के नाम से जाना जाता है।

इसी तरह से ज्यादा निर्माण कार्य होने लगते हैं तब सीमेन्ट, छड़, लकड़ी आदि की मांग बढ़ जाती है। अपने जीवन स्तर को ऊँचा बनाये रखने के मकसद से ज्यादा से ज्यादा ऊर्जा की मांग होने लगती है। इसके आलावे औद्योगिक संस्थायें बढ़ती है जिससे सीमित प्राकृतिक साधनों का उपयोग होता है जिनका पुनः स्थापन असम्भव है। इसमें संदेह नहीं कि द्रुत गति से आबादी विकसित होने पर ज्यादा से ज्यादा खाद्य सामग्री की मांग बढ़ जाती है साथ ही ज्यादा आवास, यातायात के साधन की मांग जीवन स्तर को ऊँचा बनाये रखने के लिए बढ़ने लगती है। इन वस्तुओं की मांग, अधिक होने पर प्राकृतिक संसाधनों का उपयोग बढ़ जाता है और इससे पर्यावरण की क्षमता घटने लगती है। प्रकृति संसाधनों के अधिक उपयोग से उद्योग

बढ़ते हैं और ग्रीन हाऊस गैस रिसाव ज्यादा होने लगता है जिससे पर्यावरण पर प्रतिकूल प्रभाव पड़ता है। जिसके निम्नलिखित नतीजे उभरने लगते हैं:–

(1) आबादी में वृद्धि तेजी से होने लगती है।

(2) औद्योगिक क्रांति होने लगती है।

(3) भू–मण्डलीकरण के फलस्वरूप उपभोग की वस्तुओं का अन्तर्राष्ट्रीय व्यापार बढ़ जाता है। खुला बाजार बन जाता है जिससे देश की आर्थिक स्थिति विकसित होती है।

(4) प्राकृतिक संसाधनों का मूल्य बढ़ जाता है जो पहले बिना दाम चुकाए उपलब्ध होते थे।

ये सारी बातें भविष्य की अनेक समस्याएँ उत्पन्न करने वाली हैं जैसे– जनसंख्या वृद्धि, ओजोन लेयर का क्षीण होना, विश्व उष्णता तथा जल की किल्लत, मिट्टी की उर्वरता में कमी आना, कीटनाशकों का अधिक उपयोग आदि तथा हवा, पानी जमीन आदि में विषैले रासायनिक पदार्थ मिल जाते हैं।

इस तरह हम देखते हैं कि पर्यावरण समस्यायें भावी पीढ़ी के लिए भी काफी गम्भीर हैं।

पिछले दशक में यह अनुभव किया गया था कि वर्त्तमान अर्थ व्यवस्था का बदलाव किया जाए जिससे पर्यावरण पर प्रतिकूल प्रभाव पड़ता है यह निर्णय 1992 की रियो कॉनफ्रेंस में किया गया। स्थाई विकास का अर्थ प्राकृतिक संसाधनों को बिना हानि पहुँचाए आर्थिक विकास हासिल करना है।

हम लोग पुनर्स्थापित होने योग्य जंगल और मछली के उपभोग कर रहे हैं। उसी दर से जिस दर से उनकी पुनर्स्थापना की जा सकती है। स्थाई विकास का अर्थ है आर्थिक सामाजिक आवश्यकता और पर्यावरण की जरूरतों के बीच संतुलन। इसके अलावा कि प्राकृतिक संसाधन का उपभोग न केवल भावी पीढ़ी का ख्याल करते

हैं बल्कि वर्त्तमान पीढ़ी की जरूरतें भी पूरी होनी चाहिए। उदाहरण के लिए हम कहें कि अविकसित देशों की तुलना में विकसित देश 5 से 10 गुणा ज्यादा संसाधनों का उपभोग करते हैं इसलिए यह सुनिश्चित करना चाहिए कि ––

- दोनों प्रकार के देश के उपभोग में समरूपता होनी चाहिए कि भावी पीढ़ी की जरूरतों के मद्दे नजर लंबी अवधि की योजनाएँ बनानी चाहिए।
- आर्थिक जरूरतों तथा सामाजिक जरूरतों एवं पर्यावरण की जरूरतों से उचित संबंध स्थापित करने चाहिए।

1987 में संयुक्त राष्ट्र ने पर्यावरण पर एक विश्व कमीशन की स्थापना की और हमारे सामान्य भविष्य से संबंधित एक रिपोर्ट प्रस्तुत की जिसे ब्रन्ट लैंड रिपोर्ट कहा जाता है। इस रिपोर्ट में यह साफ तौर से परिभाषित है कि वर्तमान पीढ़ी की जरूरतों को पूरा किया जाएगा लेकिन भावी पीढ़ी की जरूरतों के लिए भी सोच समझ कर इनका उपयोग होगा। इसलिए हमें आर्थिक विकास प्राकृतिक पर्यावरण व्यवस्था के अनूकुल ही करना है। यह तभी संभव है जब हम कूड़े–कचड़े आदि का समुचित प्रबन्ध करें ताकि पर्यावरण पर उसका प्रतिकूल प्रभाव कम पड़े। उस स्थाई विकासवादी रिपोर्ट में वर्तमान जीवन स्तर की जीवन शैली को अमान्य कर दिया गया है क्योंकि जीवन शैली ने प्राकृतिक संसाधनों में असीमित हानि पहुँचाई है जिसके कारण भावी पीढ़ी को बहुत ही बड़ी समस्या का सामना करना पड़ेगा। हमारी विकास प्रणाली ऐसी होना चाहिए जिसमें न केवल प्राकृतिक संसाधनों में पुनः वृद्धि होनी चाहिए बल्कि भावी पीढ़ी के लोग भी चैन से रहने पायें।

सरकार द्वारा योजना बना कर विनाशकारी उपयोग को, जिससे संसाधनों का स्थाई करण करना सम्भव नहीं है, रोकना। सरकारी योजनाओं के तहत् प्राकृतिक संसाधनों के उपयोग को आधुनिक

तरीके से सामंजस्य किया गया है। जैसे कि बाँस की आपूर्ति पेपर मिल्स को पहले 3000 रूपये प्रति टन होता था उसे अब 1.50 रूपये प्रति टन किया गया है। किसानों को कृषि कार्य के लिए पम्प मशीन चलाने में बिजली का खर्च निःशुल्क कर दिया गया है। पेट्रोल, डीजल, कैरोसिन तेल तथा स्वच्छ गैस आपूर्ति में सब्सिडी दिया गया है। सब्सिडी या सहायता में उतरोत्तर वृद्धि की जा रही है। 1977–78 और 1987–88 के बीच में 18 प्रतिशत के दर से सहायता या सरकारी सब्सिडी दी गई है। परन्तु इस तरह के ऊँचें दर से सब्सिडी देने का नतीजा यह हुआ कि संसाधनों की उपभोग करने वालों के आर्थिक लाभ पर न तो विशेष ध्यान रखा गया और न ही संसाधनों के समुचित उपयोग की ही परवाह की गई। इस तरह हम देखते हैं कि सरकारी क्रिया– कलापों (इन्टरभेनशन) में कोई ऐसा समीकरण नहीं बन पाया है जिससे भारत के संदर्भ में प्राकृतिक संसाधनों के समुचित उपयोग तथा आर्थिक विकास के बीच न्यायपूर्ण तालमेल हो सके।

फिर भी हमको निराशावादी नहीं बनना है लेकिन हमें वास्तविकता को ध्यान में रखते हुए प्राकृतिक संसाधनों का सही उपयोग तथा सावधानी पूर्वक उनके रख–रखाव की व्यवस्था करनी चाहिए। इसमें सफलता हासिल करने कि लिए हमें पर्यावरण प्रणाली के साथ सामंजस्य स्थापित करते हुए स्थाईत्व बरकरार रखने की नीति अपनानी चाहिए जो निम्न प्रकार से हो सकता है:–

(क) आबादी को नियंत्रण में रखना।

(ख) जंगल उजाड़ने की प्रक्रियाओं से सख्ती से निपटना होगा।

(ग) मिट्टी कटाव रोकना।

(घ) जमीन का वितरण या होल्डिंग का समुचित प्रबन्ध करना।

(ङ) आर्ट टेक्नोलॉजी अपना कर प्रदूषण पर नियंत्रण रखना।

(च) शिक्षा में वृद्धि लाना तथा संसाधनों के बचाव के प्रति चेतना का संचार करना होगा।

(छ) प्रकृति संसाधनों का मूल्य क्या है ? इस पर समुचित ध्यान रखना–

ऊर्जा व्यवस्थाः (Energy Management)

मानव के अस्तित्व में बने रहने के लिए ऊर्जा की बड़ी जरूरत है। यह ऊर्जा विद्युत हो सकता है अथवा मैकेनिकल। गहराई से देखा जाए तो मालूम पड़ेगा कि ये शक्तियां, धरती में निहित तेल और कोयला जैसे दुर्लभ इंधनों के प्रयोग से, उत्पन्न होती हैं इन ऊर्जाओं का नवीनीकरण सम्भव नहीं हैं क्योंकि उनका सहज से स्रोत निर्माण नहीं हो सकता है, और कि ये स्रोत सीमित हैं।

लेकिन जनसंख्या वृद्धि और औद्योगिक विकास के कारण ऊर्जा की माँग बढ़ गई है इसलिए ऊर्जा किल्लत की समस्या, ऊर्जा की दुर्लभता के कारण, हो जाती है । ऊर्जा किल्लत और ऊर्जा दुर्लभता साथ–साथ होते हैं क्योंकि कोयले और ईधन घटते जाते हैं।

आज बिजली उत्पादन के तौर तरीके विश्व के सब देशों में कोयला पर ही आधरित हैं। कोयला की खपत न केवल बिजली उत्पादन में होती है परन्तु स्टील उत्पादन में भी होती है। इसके अलावा सीमेन्ट उत्पादन, रेलवे स्टीम इन्जिन चलाने में भी कोयला का उपयोग होता है।

अब यहाँ सवाल उठता है कि क्या हम इस दुर्लभ बिजली का दुरूपयोग कर सकते हैं ? – नहीं।

अतः हमें बिजली का प्रयोग बहुत ही सावधानी पूर्वक और आवश्यकतानुसार ही करना चाहिए। हमें ऊर्जा की किल्लत की समस्या का ध्यान करते हुए घर से ही इसका उचित एवं सही व्यवस्था करना सीखना चाहिए। इस ऊर्जा प्रबन्धन की शिक्षा कार्यालयों एवं दफ्तरों तक भी फैलाना चाहिए। ऊर्जा के मुख्य स्रोत कोयला, पेट्रोल और पानी हैं। व्यवसायिक खपत के ख्याल से ऊर्जा खपत में कोयले

का 56 प्रतिशत, पेट्रोलियम 32 प्रतिशत हैं। चीन में प्रति व्यक्ति ऊर्जा खपत सबसे अधिक है लेकिन अमेरिका की तुलना में बहुत कम हैं।

भारत का प्रति व्यक्ति ऊर्जा का व्यावसायिक खपत मात्र 4 प्रतिशत से भी कम है जबकि यूनाईटेड स्टेट्स अमेरिका का 130.7 मिलियन टन तेल 1991–92 में था जो बढ़कर 1997–98 में 176.08 MTOE हो गया। इस बढ़ोतरी के निम्नलिखित कारण हैः–

- आर्थिक विकास में बुनियादी बदलाव।
- आबादी एक्सपलोजन।
- द्रुत गति से बढ़ता शहरीकरण।

कम खपत के बावजूद हमारा देश ऊर्जा बचत, आयात वृद्धि और भुगतान संतुलन जैसे मुद्दों पर अपना ध्यान केन्द्रित करता है। भारत ने 1997–98 में पूरे ऊर्जा आपूर्ति में से 27 प्रतिशत ऊर्जा आयात किया है जो कूकिंग कोल, कच्चे तेल और पेट्रोलियम उत्पादन के रूप में है। भारत का स्वांलंम्बन पेट्रोलियम उत्पादन में कम हो गया है, जो 1985–86 में 60 प्रतिशत था और 1997–1998 में 34 प्रतिशत रह गया।

इसके विपरीत, वैश्वीकरण या ग्लोबलाइजेशन के कारण और उदारीकरण की नीति अपनाने के कारण बहुदेशीय कम्पनी बहुत बड़े तादाद में भारत आईं। अभी भारतीय सड़क पर दुपहिये, तीन पहिये और चार पहिये गाड़ियाँ दौड़ रही हैं ये सभी आयातित गाड़ियाँ पेट्रोल/डीजल का इस्तेमाल कर रही हैं।

इसलिए ऐसी विडम्बनापूर्ण परिस्थति में गाड़ियों के मालिकों की यह जिम्मेवारी है कि अपनी गाड़ियों का इस्तेमाल उचित तरह से करें, इससे न केवल उनकी भलाई होगी परन्तु पूरे राष्ट्र के हित में भी होगी।

यह याद रखने की बात है कि जब तक दुनियाँ को ऊर्जा की जरूरत रहेगी, पेट्रोलियम निर्यात करने वाली कम्पनियाँ (OPEC)

व्यवसाय संतुलन का नियंत्रण करती रहेंगी। उपर्युक्त दृष्टिकोण से, ऊर्जा की समस्या बहुमुखी बन गई और न केवल तकनीकी नवीनीकरण की समस्या है परन्तु इसमें प्राकृतिक, राजनैतिक, सामाजिक और पर्यावरण संबंधित मुद्दे निहित हैं। सन् 2002 में सुप्रीम कोर्ट के आदेशानुसार नई दिल्ली में बसें सी.एन.जी. से चल रहे हैं। ऊर्जा स्रोत का वर्गीकरण निम्न प्रकार है:–

1. ऊर्जा स्रोत जिनका पुनर्स्थापन असम्भव है। उदाहरणस्वरूप कि फोसिल फुएलस–कोयला, तेल, प्राकृतिक गैस।
2. ऊर्जा स्रोत जिनका पुनर्स्थापन सम्भव हैं जैसे :– सौर ऊर्जा, हवा, पानी, और वायोमास।

1. NON RENEWABLE ENERGY

वैसे ऊर्जा स्रोत जिनका नवीनीकरण असम्भव है।

दुनियाँ की ऊर्जा का करीब 80 प्रतिशत कोयला जलाने से उत्पन्न होता है जो कार्बनडायोआक्साईड फैलाने का जिम्मेदार हैं। यह ग्रीन हाऊस गैस में से एक है जो पर्यावरण समस्याएँ पैदा करते हैं। अगले 100 साल में कोयला खान खाली हो जाने की स्थिति आ रही है और तेल की खान अगले 50 साल में समाप्ति की स्थिति में होने वाली है। यह स्थिति वर्त्तमान खपत की रफ्तार को देखते हुए आँकी गयी है।

हम सभी विश्वास करते हैं कि विद्युत का महत्त्व न केवल शहरीय क्षेत्र के लिए और औद्योगिक विकास के लिए है, परन्तु इसका महत्त्व दूसरे कारणों से भी है – भारत मुख्यता कृषि प्रधान देश है और हमारे किसानों को भी सशक्त करने की हमारी जिम्मेदारी बनती है। एक किसान के लिए बिजली, जीविका का एक अंग है। बिना बिजली के किसान पंगु हो जाते हैं। इसके मद्दे नजर यह जरूरी है कि ग्रामीण भारत का विद्युतिकरण हो, साथ ही, द्रुत गति से देश का आर्थिक

विकास भी हो। इस सिलसिले में जो अध्ययन किया गया, इससे यह पता चलता है कि ग्रामीण विद्युतिकरण और सामाजिक सुधार में बहुत गहरा संबंध है। इसलिए सबसे पहला काम है कि ग्रामीण क्षेत्र के विद्युतिकरण की योजना बननी चाहिए। 2012 ईस्वी तक में गाँव–गाँव को बिजली आसानी से मिल जानी चाहिए। ग्रामीण क्षेत्र के विद्युतिकरण के उद्देश्य से 10वीं पंचवर्षीय प्लान में 5000 करोड़ रूपये निर्गत किया जा चुका है। इतना ही नहीं, 38000 करोड़ रूपये 11वें पंचवर्षीय प्लान के लिए मंजूरी दी जा चुकी है। हमारा देश आजादी के बाद से अब तक 1362 मेगावाट बिजली उत्पन्न कर चुकी है और आज 139000 मेगावाट बिजली जरूरत है। यह वास्तविक सपना है और इसे पूरा होते हुए हम देख सकते हैं। यदि हमारी आर्थिक व्यवस्था में निरंतर विकास देखना चाहते हैं तो विद्युतिकरण की आवश्यक्ता निहायत जरूरी है।

भारत ने बहुत ही सोचे–विचारे ढंग से 10वीं और 11वीं पाँच वर्षीय योजनाओं के अन्तर्गत 100000 मेगावाट बिजली उत्पन्न करने का लक्ष्य रखा है। अनुमानित लागत 4 लाख करोड़ के लगभग है। अभी तक हमने 10वीं पंचवर्षीय योजना के लिए 21000 मेगावाट बिजली पैदा करने का लक्ष्य रखा है। लेकिन हम आशा करते हैं कि 11वीं पंचवर्षीय योजना में 78000 मेगावाट बिजली पैदा करेंगे।

यह कतई अतिश्योक्ति न होगी कि 16 ऐसे निजी सेक्टर प्रोजेक्ट हैं जिन्होंने सफलतापूर्वक 7320 मेगावाट क्षमता इन योजनाओं के तहत हासिल की है और इससे भी अधिक और प्रोजेक्टस हैं जो इस दिशा में आगे बढ़ रहें हैं। 7 और भी प्रोजेक्टस हैं जिन्होंने 27604 करोड़ लागत से 9357 मेगावाट बिजली उत्पादित करने की सम्भावना दिखाई है।

यह देखते हुए कि कितनी विशाल क्षमता की आवश्यकता है, अल्ट्रामेगापावर प्रोजेक्टस (UMPP) प्रत्येक 4000 मेगावाट का है जो 16000 करोड़ का है और 9 स्थानों का है। इनमें से 3 प्रोजेक्ट निजी

कम्पनियों को दिया जा चुका है। इन 3 निजी कम्पनियों ने 50000 करोड़ लागत का पावर सेक्टर में प्रोजेक्ट स्थापित किया है।

ENERGISING ACTIONS

राष्ट्रीय विद्युत निगम लिमिटेड (NTPC) 1975 से अग्रगानी पब्लिक सेक्टर उद्योग है। यह भारत का सबसे बड़ा विद्युत उद्योग है जिसकी क्षमता 28644 मेगावाट है और इसके 26 पावर स्टेशन हैं जो जोइन्ट भेन्चर कम्पनी के तहत कार्यशील हैं। NTPC हाईडरो पावर के साथ में एक इन्टीग्रेटेड पावर के रूप में उभरा है। साथ ही कोयला माईनिंग, तेल और गैस एक्सप्लोरेशन, विद्युत वितरण और विद्युत व्यापार में तथा न्यूक्लीयर पावर विकसित करने के काम में भी महत्त्वपूर्ण योगदान कर रहा है।

हाल ही में कुछ दूसरे प्रोजेक्टस की योजनाएँ बनी हैं जिन्हें लागू करना है –

171 मेगावाट लता तपोवन में, 120 मेगावाट उत्तराखण्ड में।

इसके आलावा, NTPC ने मऊ पर हस्ताक्षर किया है जिसमें अरूणाचल प्रदेश में दो हाईडरो प्रोजेक्टस इटालिन 4000 मेगावाट और 500 मेगावाट बिजली उत्पादन करने का लक्ष्य निर्धारित हुआ है।

2. RENEWABLE ENERGY (Non-conventional)

ऊर्जा स्रोत जिसका नवीनीकरण सम्भव है (नन कॉनवेनस्नल)

- हमारे देश में ऊर्जा नवीनीकरण की सम्भावना एक लाख मेगावाट अनुमानित है जो 8000 मेगावाट के विरूद्ध है जो वास्तव में उपलब्ध किया गया है।
- आज यह जरूरी है कि नन रिन्यूएबल ऊर्जा स्रोत को रिन्यूएबल ऊर्जा स्रोत में बदलना है। जिसके लिए निम्नलिखित कारण हैं :–

- पर्यावरण कारणों से विकसित देश नन कोनमेन्सनल स्रोतों का इस्तेमाल और अविष्कार करना चाहते हैं।
- जल–विद्युत शक्ति नन कोनमेन्सनल स्रोतों मे से सबसे बड़ी शक्ति है।
- जल–विद्युत शक्ति की क्षमता बहुत अधिक है और वर्तमान में उसका 15 प्रतिशत क्षमता का उपयोग विकासशील देशों में हो रहा है।

पूरे ऊर्जा खपत का प्रतिशत में जो नवीनीकरण सम्भवित स्रोतों द्वारा उपलब्ध हुए, वह निम्न प्रकार से हैंः–

विश्वव्यापीः–

कोयला खपत – 79 प्रतिशत

नवीनीकरण संभावित स्रोतों का उपभोग – 15 प्रतिशत

परम्परागत वायोमास उपभोग – 13 प्रतिशत

(लकड़ी की बर्वादी आदि)

विशाल विद्युत शक्ति – 3 प्रतिशत

हवा–सूर्य ऊर्जा, बायोइंधन, ज्योथर्मल – 2.4 प्रतिशत

न्यूक्लीयर ऊर्जा – 3 प्रतिशत

यूनाईटेड स्टेट्स अमेरिका में

कोयला ईंधन – 86 प्रतिशत जिसमें पेट्रोलियम शामिल है।

पेट्रोलियम – 40 प्रतिशत

प्राकृतिक गैस – 23 प्रतिशत

कोयला – 23 प्रतिशत

नवीनीकरण संभावित ऊर्जा जिसमें परम्परागत बायोमास शामिल है– 2.5 प्रतिशत

विशाल हाईड्रोपावर – 3.0 प्रतिशत

हवा, सौर ऊर्जा, वायोफुएल ज्योथर्मल आदि – 1.4 प्रतिशत

न्यूक्लीयर ऊर्जा – 8 प्रतिशत

जल–विद्युत (Hydel power)

जल विद्युत आधुनिक स्रोतों (Non Conventional Resources) में से सबसे बड़ा है क्योंकि जल इसका मुख्य कारण (input) है जो बहुतायत से प्राकृतिक देन के रूप में प्राप्त है। विडम्बना यह है कि मानसून के समय में बाढ़ की स्थिति आ जाती है जो कई क्षेत्रों के लिए विनाशकारी रूप धारण करती है। यह एक भारी स्रोत है जो बर्वाद हो कर बेकार हो जाता है। लेकिन गर्मी के मौसम में लोग पानी के लिए यहाँ से वहाँ दौड़ पड़ते हैं। फिर भी एक बहुत बड़ा झगड़ा कावेरी जल विभाजन को लेकर कर्नाटक, तमिलनाडू और आन्ध्र प्रदेश के बीच सुप्रीम–कोर्ट में लंबित है।

इस तरह से हम देखते हैं कि मनुष्यों एवं पशुओं के हित में जल–संग्रह करने की समस्या हमारे सामने है। इस समस्या के निदान के कई विकल्पों में से एक विकल्प यह है, नदियों पर डैम निर्माण करना और जल संग्रह करना। इस संग्रहीत जल का उपयोग विद्युत उत्पादन के लिए करना और सिंचाई के लिए सम्भावनाओं को विकसित करना, लेकिन साथ ही निम्नप्रकार के अवरोध दिखाई देगें जो किसी भी नई जल विद्युत उत्पादन केन्द्र बनाने में होते हैं:–

(1) इसमें बहुत बड़ा प्रोजेक्ट खर्च या लागत आता है, यही कारण है कि गरलैंड कनाल प्रोजेक्ट जो 3 दशकों पहले शुरू किया गया था, जिसके तहत देश की सभी नदियों को जोड़ने का था वह अब तक पूरा नही हो पाया है।

(2) सरकार की कमजोर नीतियों के कारण जमीन अधिग्रहण करने और विस्थापन की समस्याएँ हल करने का काम सफल नहीं

होता है और यह भी योजनाओं को कामयाब होने से अवरोधक साबित होता है। उदाहरण के लिये देखा जाए तो स्थानीय जनता के विरोध और असंतोष ने कई लोगों के जान ले लिये हैं,

(क) जैसे– 2 जनवरी 2006 में पुलिस फायरिंग से 13 जनजातियों की जानें चली गई जिसमें टाटा स्टील कम्पनी के प्रोजेक्ट जो ओड़िसा के कलिंग नगर में पड़ता है।

(ख) पश्चिमी बंगाल के सिंगुर में 12 स्थानीय व्यक्ति, टाटा कम्पनी के छोटे कार प्रोजेक्ट के लिए जमीन अधिग्रहण करने के मामले में, अपने जीवन से हाथ धो बैठे।

(ग) श्रीमति मेधा पाटकार के नेतृत्व में नर्मदा बचाव आन्दोलन शुरू हुआ।

भारत के उत्तर पूर्व भाग के राज्य जल विद्युत के लिए बहुत ही अच्छे हैं लेकिन, उनकी क्षमता अब तक पूर्ण विकसित स्थिति में नहीं पहुँच पाये हैं। फिर भी भारत सरकार उत्तर पूर्वी राज्यों के साथ लम्बी योजनाएँ बना रही हैं। इसमें न केवल बिजली समस्या पूरे देश की दूर होगी परन्तु सम्पूर्ण विकास कार्यों में भी इन राज्यों को लाभ पहुँचेगा। इस संबंध में एक (MOU) पर अरूणाचल प्रदेश के साथ हस्ताक्षर हो चुके है और साथ ही अनेक सार्वजनिक सेक्टर यूनिटों के साथ भी जैसे – NEEPCO, NTPC और NHPC जिसमें छोटे स्तर पर जल विद्युत प्रोजेक्ट विकसित करने के उद्देश्य रखे गए हैं। एक शंतूलित विनिवेश के लिए एन.टी.पी.सी. हाईड्रो लिमिटेड को शामिल किया गया ताकि लघु विद्युत प्रोजेक्ट को सहायता प्रदान करे। संतुलन कायम करने के लिए जल विद्युत को विकसित किया गया ताकि एक संतुलित विनिवेश को बल मिले और दीर्घ कालीन अस्तित्व बना रहे। उनमें से कुछ जलविद्युत प्रोजेक्ट निम्न प्रकार से हैः–

800 मेगावाट जो कोलडैम में बना है,

600 मेगावाट लोहारिनागपाला में है,

520 मेगावाट तपोवन विष्णुगढ़ में है।

कुल 1220 मेगावाट चालू हालत में उपयोग हो रहे हैं।

WIND POWER:– हवा भी एक बड़ी शक्ति है। भारत के पास हवा की शक्ति को उपयोग करने की बड़ी क्षमता है।

यदि हम पिछले पुरातन इतिहास का अवलोकन करेंगे तो हमें मालूम होगा कि हमारे पुरखे जावा, सुमात्रा, आदि जगहों पर व्यापार करने जाया करते थे और कपड़ों से बने पाल से नाव चलाते थे। ये नाव हवा द्वारा चलाये जाते थे और एक निश्चित दिशा निर्देशन में चलते थे। पुराने जमाने के व्यापारी समुद्री मार्ग से रात में पूर्ण चन्द्रमा की रोशनी में नाव खेते थे जो कार्तिक पूर्णिमा ओड़िसा में, गुरू पूर्णिमा पंजाब में प्रचलित है। पुराना परम्परा के अनुसार ओड़िसा में, कार्तिक पूर्णिमा का दिन उत्सव के रूप में मनाया जाता है। इस अवसर पर छोटे–छोटे नाव जो केले के तने से बने होते थे, उनमें जलती मोम–बत्तियाँ रखी जाती थी, ये परम्परागत नाव खेने की प्रतीक हुआ करती थी। भारत सरकार आधुनिक सुजलन तकनीकी का उपयोग करते हुए हवा रूपी शक्ति द्वारा विद्युत उत्पन्न करने की दिशा में रूचि ले रही है। अगर आप ओड़िसा के पुरी में जायेंगे तो आप पायेगें कि इस तरह के नमूने समुद्री किनारे में मिलेंगे। इसी तरह से कर्नाटक और आन्ध्र प्रदेश सरकार भी इस क्षेत्र में पहल किये हैं और पर्वत शिखरों पर हवा से चलने वाले विद्युत उत्पादन यूनिट लगाये गए हैं। हवा ऊर्जा का विकास आज एक दृश्य रूप ले रहा है जो दुनियाँ में 10 मेगावाट 1980 से बढ़ कर 2000 में 14000 मेगावाट तक पहुँच गया है। विश्व के वाच रिपोर्ट के अनुसार 1999 में जितने हवा से चलने वाली विण्ड टरवाईनस (wind turbines) स्थापित हुए वे 3 बिलियन अमेरिकन डॉलर सारी दुनियाँ में था, जिससे 86000 जोबस

को सहारा प्रदान किया गया। जर्मनी ने 1999 में हवादार क्षेत्रों में हवा चलित (wind installation) में एकाधिकार स्थापित किया और अपने देश में बिजली की पूरी खपत का 10 प्रतिशत सहयोग प्रदान किया। यदि यही स्थिति रही तो विश्व के विद्युत की आवश्यकता का 10 प्रतिशत हिस्सा 2020 तक में योगदान प्रदान करेगा।

सौर ऊर्जा (solar energy)

सूर्य एक बहुत बड़ा ऊर्जा स्रोत हैं। ऐसा अनुमान है कि दुनियाँ की ऊर्जा जरूरत का 10000 गुणा से ज्यादा सूर्य द्वारा उत्पन्न होता है। 1999 में 200 मेगावाट ऊर्जा दुनियाँ में फोटो भोल्टाईक सेल्स से उत्पन्न किया गया। अभी भारत सरकार ने फोटो भोल्टाईक सेल्स के स्थापन के लिए बहुत बड़ी रकम अनुदान के रूप में देने की तत्परता दिखाई है। हाल ही में झारखण्ड के एक गाँव में वोल्टाईक सेल्स की स्थापना द्वारा प्रदत्त बिजली से उस गाँव की आवश्यकताओं की पूर्ति की जा रही है।

कर्नाटक सरकार ने तो भोल्टाईक सेल्स की स्थापना को जरूरी आदेश करार दिया है जो एक नये बिल्डिंग में शुल्क के साथ लिया जायेगा और जिसे पानी गर्म करने के लिए इस्तेमाल होगा। यह एक बड़ा ही अच्छा समय या अवसर होगा, जब दूसरे–दूसरे राज्य के लोग भी जो भारत के नागरिक हैं, इस प्रणाली को अपनावें।

बायोमास (biomass)

बायोमास ऊर्जा के मुख्य स्त्रोत है – गोबर, जलावन लकड़ी, कृषि संबंधित कचड़ा, और नाईट सोयल आदि।

घरेलू ऊर्जा का 46 प्रतिशत ऊर्जा भोजन आपूर्ति द्वारा होती है। देहाती क्षेत्रों और शहरीय क्षेत्रों के लिए क्रमशः 70 प्रतिशत और 50 प्रतिशत है। ग्रामीण नमूना सर्वे द्वारा प्राप्त आँकड़ें यह बताते हैं

कि देहात क्षेत्र के भोजन पकाने में जो ऊर्जा खपत होता है वह 252 मिलियन टन प्रति वर्ष (TERI; 1993) है। करीब 70 प्रतिशत देहात क्षेत्र में और 30 प्रतिशत शहरीय क्षेत्र में जलावन लकड़ी का खपत होता है। इससे जंगल उजड़ने का खतरा है।

भारत सरकार द्वारा दिये गए बहुत से गुप्त अनुदान के कारण उपयुक्त तकनीकी के विकास में बाधा उत्पन्न हुई है। फिर जलावन के लिए इससे ज्यादा कारगर तरीके की खोज के प्रति लोगों में कोई उत्साह नही बढ़ा है। गुप्त अनुदान का प्रावधान यथा–स्थिति बनाये रखता है और साथ ही असमान वितरण कायम रहता है।

इस तरह हम देखते हैं कि जब ग्रामीण इलाके में जलावन लकड़ी की खपत कम रहती है तो यह शहरीय लोगों के लिए सस्ती हो जाती है। गुप्त अनुदान के कारण शिक्षण और उद्योग में एक शिथिलता आ गई है जिससे सरकार भी शिथिल पड़ जाती है। सहयोग का अभाव पाया जाता है, जिससे ये पुनर्स्थापन न होने वाले प्राकृतिक संसाधनों के नष्ट हो जाने की समस्या को सुलझाने के लिए कोई कदम नहीं उठाते हैं। संसाधनों के नवीनीकरण करने की दिशा में देहाती और शहरीय क्षेत्रों के तथा स्लम निवासियों के लिए ऊर्जा प्राप्ति की नई तकनीक विकसित करने का कोई आपसी सहयोग नजर नहीं आता है। इसी कारण ग्रामीण क्षेत्र के लोगों और शहरीय क्षेत्र के गरीब लोगों को बायोमास जैसे घटिया जलावन ईंधन पर निर्भर रहना पड़ता है। यह अनुमानित है कि वायु प्रदूषण एक ऐसा केस है जो लोग LPG आदि गैस का इस्तेमाल करते हैं इससे कई गुणा ज्यादा करीब 2 बिलियन लोग दुनियाँ में बायोमास जलाकर भोजन पकाने के लिए मजबूर हैं। इस 2 बिलियन लोगों में से कुछ भाग, जो भारत के बड़े क्षेत्र में है उनमें ज्यादातर स्त्रियाँ है। सरकार की अधिकतर नीति का असर विश्वव्यापी है न केवल कुछ ही क्षेत्रों या स्थानों की बात नहीं। यह भी देखा जा रहा है कि कई सरकारों द्वारा बिजली की सहज

उपलब्धता तथा सस्ती एवं शुल्क रहित बनाने के कारण ज्यादा से ज्यादा कृषि के लिए पम्प–सेट्स इस्तेमाल हो रहे हैं, इससे पानी की सतह दिनों–दिन नीचे चली जा रही है। इसका नतीजा यह भी हो रहा है कि जमीन बंजर और पानी की उपलब्धता बार–बार सिंचाई का काम करने से घटती जा रही है। यह भी बिजली उपलब्धी में खतरे की घंटी है।

NUCLEAR FUELS:

न्यूक्लीयर ईंधन का भारत के पास पर्याप्त मात्रा में संग्रह है। दुनियाँ के सबसे ज्यादा और विशाल खान है थोरियम का, जिसमें 363 हजार टन और करीब 34 हजार टन यूरेनियम, जो झारखण्ड राज्य के जादूगोड़ा माईन्स में है। लेकिन केवल 44 प्रतिशत ही आर्थिक लाभ के लिए प्रयोग में लाये जाते हैं। भारत के ऑटोमिक पावर स्टेशन महाराष्ट्र के ट्रोम्बे में स्थापित किया है और दूसरा यूनिट तमिलनाडु के कल्पकम में है।

भारत और यूनाईटेड स्टेट्स के बीच हुए 123 समझौता पर अब हस्ताक्षर हो गया है जो भारत द्वारा ऑटोमिक ऊर्जा उपयोग से संबंधित बड़ा ही महत्त्वपूर्ण मुद्दा है। यह भारत के आम आदमी के हित में है और यूनाईटेड स्टेट्स अमेरिका द्वारा ऑटमिक रियेक्टर भविष्य में भारत को उपलब्ध कराने की बात है। अभी भारत सिर्फ 3 प्रतिशत ऊर्जा की आवश्यकता ऑटमिक पावर की स्थापना से पूरा कर रहा है। अभी सुरक्षा और रेडियाअकटिव कूड़ा–कचड़ा के निदान आदि अनिश्चितता की स्थिति बनी हुई हैं। उदाहरणः– हाल में जापान के टोकईमुरा और चेरनोवाईल के रियक्टर में लीकेज होने के कारण रसिया में भयंकर न्यूक्लीयर एक्सीडेन्ट होने का खतरा बताया जा रहा है।

ज्योथर्मल ऊर्जा स्त्रोत (geothermal energy source)

वैज्ञानिक यह बताते है कि ज्योथर्मल ऊर्जा बिल्कुल साफ है, यह बिल्कुल स्वभाविक रूप से शांत और बेअसरदार है। इसका पर्यावरण पर कोई प्रतिकूल प्रभाव नहीं पड़ता है। होट ड्राई रॉक तकनीकी का इस्तेमाल पृथ्वी के 99 प्रतिशत आंत्रिक दूरी से दूर जहाँ 500 डिग्री सेन्टीग्रेड से ऊपर तापमान है।

स्वीट्जरलैंड के बासेल में दिसम्बर 8, 2006 को वैज्ञानिकों ने गहरे ड्रीलिंग की, और पहला शाफ्ट जो 58 मीटर ऊँचे ड्रीलिंग रिंग से, जो अपारटमेंट बिल्डिंग के ऊपर होता है, उससे ड्रिलिंग किया। यह अनायास ही वैसे हुआ कि वैज्ञानिक जो पृथ्वी के अन्दर गहरा ड्रीलिंग कर रहे थे पृथ्वी के सबसे भीतर निहित ऊर्जा की टोह ले रहे थे और नई जमीन को तोड़ कर दुनियाँ के सामने नई ऊर्जा स्रोत की खोज की।

कोनकन में ऊर्जा की खोज (Search for power under konkan)

समुद्री किनारे के पहाड़ी कोनकन के निचले सतह पर गर्मी पाई गई है जो कुछ समय में महाराष्ट्र को बिजली की कमी से उबारेगा।

एक वैज्ञानिक खोज से कोंकन की सम्भाव्य शक्ति जो ज्योथर्मल ऊर्जा का भंडार है और धरती के निचले सतह पर है, वह जल्द ही उपयोग में लाया जा सकता है। इस ज्योथर्मल ऊर्जा से बिजली का उत्पादन बहुत कम खर्च में हो पायेगा और यह हानिकारक गैस रिसाव, जो कोयला जलाने से उत्पन्न कार्बनडायोक्साइड जैसे जहरीले गैस से बचाव होगा। कोंकन की क्षमता का अनुमानित शक्ति करीबन 2000 मेगावाट है। कोंकन भारत के 7 वैसे ज्योथर्मल मे से एक है और इसमें जो गर्मी निहित है वह 1 से 1.5 कि.मी. की गहराई में पाया जा सकता है। भारत के ज्योथर्मल प्रांतों की क्षमता 10,000 मेगावाट

बिजली पैदा करने की है परन्तु अब तक किसी का पूरा–पूरा उपयोग नहीं किया जा सका है। विश्वव्यापी गर्म का खतरा को मद्दे नजर रखते हुए भारत को ऊर्जा स्रोत का विकल्प ढूँढ़ना चाहिए। 97 प्रतिशत ज्योथर्मल पावर प्लांट के लगाये जाने की योजना बन रही है। एक ऐसा पावर प्लांट 18 महीनें में स्थापित किया जा सकता है। ऊर्जा व्यवस्था के लिए नई तरकीब (New approach to energy management) 1992 में हुए रिओ (RIO) कॉन्फ्रेंस में, एक नई तरकीब जो ऊर्जा क्षेत्र में प्रबंधन की एक नई दिशा देने वाली है उसका प्रादुर्भाव हुआ है जो निम्नलिखित है:–

(1) यह मान लिया गया हे कि कुछ कम लागत वाले तरकीब जिससे स्थाई ऊर्जा विकास होगी और अधिक क्षमता विकास होगी। उदाहरण के लिए कम ऊर्जा लगाकर ऊर्जा की सेवा प्रदान करना या अधिक ऊर्जा की सेवा प्राप्ति उतने ही ऊर्जा लागत पर करना।

(2) ऊर्जा की क्षमता में विकास करने की सख्त जरूरत है ताकि स्टील बनाने, रिफाईनरीज, पेपर और पल्प, सीमेन्ट तथा रासायनिक पदार्थ के क्षेत्र में करीब 45 प्रतिशत औद्योगिक ऊर्जा की खपत है।

टाटा स्टील का मिशन स्टेटमेन्ट दर्शाता है कि टाटा सबसे सस्ता स्टील उत्पादक है और दुनियाँ के स्टील उत्पादक देशों के ऊपर इसका प्रभाव अच्छा है। स्टेट ऑफ दि आर्ट तकनीक का उपयोग औद्योगिक ईकाईयों के लिए समय की पुकार है।

(3) ऊर्जा परिवर्त्तन के क्रम में होने वाले घाटा को कम करने का ध्यान रखना चाहिए। ऊर्जा प्रबन्धन में कुछ विशेष महत्त्वपूर्ण विकास निम्नलिखित हैं:–

(अ) विकसित तकनीकी के उपयोग बिजली उत्पादन में अपनाना चाहिए।

(आ) प्राकृतिक गैस द्वारा ऊर्जा की व्यवस्था।

(इ) ईंधन सेल्स जो हाईड्रोजन और ऑक्सीजन के द्वारा बिजली, पानी और गर्मी पैदा करना।

(ई) बायोमास (गोबर, कृषि से निकले कूड़ा–कचड़ा, मानव मल–मूत्र, बायो गैस आदि) को ऊर्जा का स्रोत मानकर बायो डायभरसिटी और प्रदूषण फैलाना।

(उ) सौर ऊर्जा फोटोभोल्टाईक सेल्स का (PV CELLS) इस्तेमाल बहुत से छोटे उद्योगों में और घरेलू क्षेत्र में हो रहा है।

(ऊ) भविष्य में चलने वाली गाड़ियों के ईंधन हाईड्रोजन होगा।

(ए) पानी संग्रह करना और वर्षा के पानी को संग्रह करना एक आम बात हो गई है।

(ऐ) कहावत–कि 'पानी बचाओ' ऐसा न हो जाए कि बहुत देर हो जाए। प्रधानमंत्री ने हिन्दुस्तान टाईम्स (HT) नेशन, दिनांक 5 जुलाई 2007 में प्रकाशित किया जिससे यह स्पष्ट है कि देश गर्म हो रहा है। उन्होंने कहा कि 'हमारा देश अगले दशक में पानी का भारी अभाव महसूस करेगा यदि इस बहुमूल्य पानी के संग्रह करने की जरूरत को न समझेंगे। इसलिए प्रधानमंत्री की यह सलाह है कि सरकार और गैर सरकारी संस्थाएँ पानी के स्रोत संग्रह करने की जरूरत पर ध्यान दें।

- जल संग्रह करें।
- ऊर्जा का उपयोग सही एवं उचित रीति से करें।
- ऊर्जा के अन्य विकल्प खोजे।

राजीव गाँधी अक्षय ऊर्जा दिवस (Rajiv gandhi akshay urja Divas) प्रति वर्ष राजीव गाँधी अक्षय दिवस 20 अगस्त को मनाया जाता है। और राजीव गाँधी रिन्यूवाल इनरजी नेशनल मैराथोन, हैदराबाद में 2007 में मनाया गया। देश का रिन्यूवल पावर 8000 मेगावाट निर्धारित किया गया है।

उपलब्धी (Achievement):–

- विश्व स्तर पर रिन्यूवल पावर दूसरे स्थान पर है।
- विश्व स्तर पर बायो गैस प्लांट 40.15 लाख है जो चालू हालत में है और दूसरा स्थान रखता है।
- विन्ड पावर (WIND POWER) 8757.40 मेगावाट का लगाया गया है जो विश्व स्तर पर चौथे स्थान रखता है।
- लघु जल–विद्युत परियोजना से 2180.84 मेगावाट क्षमता का ऊर्जा मिलता है और यह विश्व स्तर पर पाँचवें स्थान रखता है।
- एक लाख सौर फोटो भोल्टाईक सेल चालू है और विश्व स्तर पर सातवाँ स्थान रखता है।
- सौर जल गर्म करने का सिस्टम विकसित किया गया है जो 2.30 मिलियन स्क्वैर मीटर कोलेक्टर क्षेत्र घेरता है और विश्व स्तर पर 9वाँ स्थान रखता है।

राष्ट्रीय स्तर पर विकास (Indigenous Development)

- सौर थर्मल सिस्टम जो पकाने, गर्म करने और सुखाने के काम आता है।
- ईंधन सेल्स।
- बैटरी चलित गाड़ियाँ।

- बायोगैस से बिजली उत्पन्न करना।
- बायोमास गैस चलित सिस्टम जो बिजली, और मैकेनिकल सिस्टम चलाने में काम आता है।
- हाईड्रोजन ऊर्जा से चलने वाली गाड़ियाँ विकसित की गई हैं।

NTPC Planst 2012 तक में 50,000 मेगावाट बिजली पैदा करने वाली कम्पनी बनेंगी और 2017 तक में 75000 मेगावाट बिजली उत्पन्न करने वाली कम्पनी बनेंगी। इस कम्पनी ने 2006–07 में देश भर में उत्पादित बिजली के पूरे हिस्से का 29.25 प्रतिशत हिस्सा उत्पादन किया जो देश भर के लिए निश्चित किये गए क्षमता का 20. 71 प्रतिशत हिस्सा है, और जिसमें जोइन्ट भेन्चर कम्पनियों की क्षमता तथा उत्पादन भी शामिल हैं। 3260 मेगावाट बिजली उत्पादन करने वाली यह एन.टी.पी.सी. बिन्ध्याचंल में स्थापित है जो देश की सबसे बड़ी बिजली पैदा करने वाली कम्पनी है।

इतना ही नहीं, जलवायु परिवर्त्तनों के मद्देनजर जो भी प्रदूषण होते हैं, इस निगम ने 182 मिलियन पेड़ मार्च 2007 तक में लगाने के काम में योगदान किया है Environmental Standards

पहला पर्यावरण मानक को ब्रिट्रिश स्टैंडर्ड (BS-77501) के रूप में बनाया गया ताकि पर्यावरण प्रबन्धन सिस्टम का विकास हो सके और कि यह प्रयोग एवं मूल्यांकन का निर्देशक बने।

जब आई.एस.ओ. (14001) को अन्तर राष्ट्रीय मानक के रूप में यूरोपियन कमेटी द्वारा मान्यता दी गई तब ब्रिट्रिश मानक को वापस लिया गया।

ISO-14000 : GENERAL GUIDELINES ON PRINCIPLES OF - EM

अन्तर्राष्ट्रीय मानक संस्थान (ISO) ने यह जिम्मेदारी ली कि

पर्यावरण का नये मानक क्रम आई.एस.ओ. 14000 बहुत देशों के सरकारों की मदद से तैयार किया गया जिसमें कुछ ही विकासशील देश हिस्सा नहीं लिये।

शुरू में कुछ देशों के ग्रुप ने ही केवल आई.एस.ओ. को अपनाया ताकि अन्तर्राष्ट्रीय व्यापार को बढ़ावा दे सकें। 14000 को यूरोपियन कमीशन द्वारा स्वीकृति मिली जिसे सी.ई.एन. (CEN) ने अनुमोदन प्रदान किया। 14000 सामान्य निर्देशन के लिए मानक बनाया गया जिसके आधार पर किसी भी संस्थान के पर्यावरण मानक निश्चित करने में सहायक सिद्ध होता है, जो निम्न प्रकार हैः–

(क) नीति निर्धारण एवं लक्ष्य निश्चित करना।

(ख) उन नीतियों के कार्यान्वयन एवं लक्ष्य प्राप्ति के लिए योजना तैयार करना।

(ग) योजना बद्ध उद्देश्यों की पूर्ति तथा विकास के लिए सहायता प्रदान करना।

(घ) पर्यावरण के कार्यों का मूल्यांकन एवं निगरानी करना।

(ङ) सतत् विकास के लिए का पुनरीक्षण करना।

ISO-14001: SPECIFICATIONS AND GUIDANCE FOR EMS :

आई.एस.ओ. 14001, आई.एस.ओ. 9000 से लिया गया है जो कि वह एक गुणवत्ता मानक है और साधारणतः निर्माण करने वाली औद्योगिक ईकाइयों में उपयोग किया जाता है। आज बहुत से निर्माण करने वाली औद्योगिक ईकाइयों ने 9001 – 2000 को अपनाया है ताकि वे अपने उत्पादन की गुणवत्ता बनाये रखें और ग्लोबल मार्केट में प्रवेश कर सकें।

इस तरह हम देखते हैं कि आई.एस.ओ. 14001 एक गुणवत्ता मानक है जिसके आधार पर पर्यावरण संबंधित मुद्दों का निपटारा किया

जाता है जो देश के तथा विश्व के संसाधनों एवं जीवनयापन की शर्तों को प्रभावित करता है।

आई.एस.ओ. 14001 जीवन चक्र विश्लेषण करने के उपायों को उपलब्ध करने के लिये तैयार किया गया ताकि इसके आधार पर निर्माण करने वाली ईकाइयाँ बहुमुखी पर्यावरण और ईकोलोजिकल मुद्दों के प्रति अपना दायित्व निभाएँ, जो निम्न प्रकार हैः–

- विभिन्न प्रकार के अवयव का समिश्रण करना जिनसे वस्तु का निर्माण होता है।
- पुनरावृति और निष्पादन प्रक्रिया
- पर्यावरण लक्ष्यों की प्राप्ति के लिये नये–नये उपाय अपनाना।

The five components of iso 14001 area :

- पर्यावरण नीति
- योजना
- कार्यान्वयन
- निगरानी रखना तथा मूल्यांकन करना
- पुनरावलोकन

Environmental Policy:

पर्यावरण नीति अच्छी होनी चाहिए, जो प्रबन्धन की जिम्मेदारियों को पर्यावरण मुद्दे से संबंधित मामले में स्पष्ट रूप से दर्शाये। यह लिखित रूप में रहना चाहिए जो एक दस्तावेज होता है और जो कामगारों अथवा कार्यालय के कर्मचारियों को उपलब्ध रहना चाहिए और बाहरी पार्टियों के लिए भी उपयोग हो सके। जो नीति निर्धारित होता है वह उच्च स्तरीय प्रबन्धन द्वारा स्वीकृत होना चाहिए जो इन नीतियों से संबंधित दस्तावेजों पर हस्ताक्षर करने का अधिकार रखते हैं। इन नीतियों की निम्नलिखित विशेषताएँ हैः–

(क) जो नीति निर्धारित की जाती है वह सही होना चाहिए और

वास्तविक होना चाहिए। उसमें कम्पनी के संसाधन एवं उसके प्रभाव जो पर्यावरण पर पड़ता है, उसका विवरण हो साथ ही नीति के तहत जहाँ जीवन चक्र विश्लेषण पर विशेष जोर दिया गया हो और संसाधन सुरक्षा, प्रदूषण में कमी तथा उत्पादन की रूप रेखा जो विकास में स्थिरता बहाल करें, इन सभी की आवश्यकता जाहिर की गई हो।

(ख) इस नीति में यह जिम्मेदारी का साफ–साफ जिक्र होना चाहिए कि ई.एम.एस. (EMS) को लगातार विकसित करेंगे।

(ग) यह नीति कानून, नियम और नियंत्रण का जो प्रावधान है, उसके अनूकूल होना चाहिए। इसमें लागू करने संबंधित विवरण भी रहना चाहिए।

(घ) पर्यावरण संबंधित लक्ष्यों की रूप रेखा भी रहना चाहिए।

PLANNING:

ई.एम.एस. (EMS) की योजना लिखित होनी चाहिए, जिसमें प्रक्रियाएँ, संसाधन, जिम्मेदारियाँ, निपुणता, अधिकार और संयोंजकता आदि रहे।

यह योजना, पर्यावरण संबंधित जरूरतों और उसके असर, चाहे वह नीति में ही शामिल क्यों न हो, शामिल करता है।

उस योजना दस्तावेज में, हानिकारक चीजों को जो खतरनाक होते है, उन्हें हाथ लगाने तथा अन्य उपाय जो सुरक्षा के दृष्टि कोण से जरूरी हैं, उनका विवरण अच्छी तरह लिखित रूप में रहना चाहिए।

IMPLEMENTATION:-

सभी कामगारों को यह जिम्मेदारी लेनी चाहिए कि वे ई.एम.एस. का सफलता पूर्वक प्रयोग करें।

किसी भी संस्था में सबका विचार एवं प्रतिबद्धता में पर्यावरण संस्कृति के अनूकूल बदलाव आना चाहिए, ताकि परम्परागत प्रबन्धन व्यवस्था से अलग हो। पर्यावरण संबंधित समस्या के प्रति सब को जागरूक होना चाहिए। जो व्यक्ति ई.एम.एस. से लगाव रखते हैं उनके लिए विशेष प्रशिक्षण की आवश्यकता है ताकि संस्था के हित में हो और उसका कारगर उपयोग हो सके।

ई.एम.एस. के कारगर रूप से उपयोग के लिए संस्था के कामगार, आर्थिक एवं प्राकृतिक संसाधन, कार्यवाही के लिए प्रोत्साहन, स्वच्छ एवं सुनिश्चित जिम्मेदारी, संचार, कार्य निष्पादन नियंत्रण, कागजात का सही रख–रखाव इत्यादि की जरूरत है।

MONITORING AND EVALUATION:-

ई.एम.एस. के कार्य का मूल्यांकन करने के लिए एक सम्मुचित कार्यवृति की आवश्यकता है जिसके लिए सही प्रक्रिया अपनाने की जरूरत है और वह निरन्तर चलाएमान होना चाहिए जिससे पर्यावरण के कार्य–कलाप प्रकट हो सकें। इसके अलावा सही रूप से मॉनिटरिंग के लिए संस्था को एक सिस्टम एवं प्रक्रिया की स्थापना तथा उसका उपयोग कानून व्यवस्था के अर्न्तगत हो सके।

साधारणतया ई.एम.एस. का कालबद्ध रूप से ऑडिट होता है कि उपयुक्त कानून एवं व्यवस्था का अनुपालन होता है अथवा नहीं। प्रशिक्षित ऑडिटरों के द्वारा यह काम सम्पन्न किया जाता है।

जब आंत्रिक ऑडिट संतोषजनक पाया जाता है तब बाहर से योग्य एवं सक्षम ऑडिटर को अंतिम ऑडिट तथा सर्टिफिकेट प्रदान करने के लिए बुलाया जाता है।

REVIEW:-

पुनरीक्षण की अवधि में पर्यावरण क्रिया–कलाप में लगातार विकास होता है पुनरीक्षण की बड़ी जरूरत होती है क्योंकि इसके दौरान

पर्यावरण संबंधित सभी पहलुओं का विस्तार से विश्लेषण किया जाता है। पुनरीक्षण के क्रम में निम्नलिखित मुद्दे चर्चा के विषय होते हैं:–

(ए) पर्यावरण नीति की वास्तविकता।

(बी) ऑडिट रिपोर्ट के परामर्श।

(सी) नियंत्रण के नये तरीके यदि कोई हों।

(डी) जन–साधारण में जागृति एवं उत्सुकता।

पुनरीक्षण नतीजों के निर्देश, विशेष कर सुरक्षा, रोक–थाम, आम जनता के स्वास्थ्य की शर्तें आदि को सही रीति से कार्यान्वित करना चाहिए।

WHO ARE THE ORGANISATIONS FOR ADOPTING ISO 14001 :

- यहाँ किसी भी संस्था के लिए लागू है चाहे जो भी उसका स्वरूप हो, जो ई.एम.एस. के रख–रखाव और प्रयोग करने की इच्छा रखता हो।
- पर्यावरण नीति के अनुरूप है कि नहीं इस बात की निश्चित जरूरी है।
- पर्यावरण मानक व्यवस्था प्रणाली (ESMS) से सर्टिफिकेट या निबंधन कराना ।

CERTIFICATION BODIES:-

हर देश में एक अक्रेडिटेशन बॉडी गठित किया जाता है जो सर्टिफिकेट निर्गत करने वाले संस्थाओं को अधिकृत करता है। यह अक्रेडिटेशन बॉडी, सर्टिफिकेट निर्गत करने वाली संस्थाओं के क्रिया–कलापों पर अंकुश डालने के लिए कठोर नीति अपनाता है।

किसी भी नई कम्पनी, जो सर्टिफिकेट पाने के इच्छुक हो, तो निम्नलिखित पहलुओं का निरीक्षण सर्टिफिकेट निर्गत करने वाली संस्थाओं द्वारा किया जाता है:–

(ए) जिस कम्पनी में ई.एम.एस. लागू है और तीन महीना से ज्यादा कार्यरत हो।

(बी) कम्पनी अन्दरूनी ऑडिटिंग की व्यवस्था हो।

(सी) प्रशिक्षित स्टाफ हों।

(डी) दस्तावेजों का अच्छी तरह से रख–रखाव हो।

(ई) प्रबन्धन द्वारा पुनरीक्षण किया गया हो।

AUDIT PROCEDURE:-

साधारणतः ऑडिट के दो स्टेज होते हैं:–

(1) पूर्व ऑडिट

(2) सर्टिफिकेशन ऑडिट

PRE AUDIT STAGE (Stage - I)

पूर्व ऑडिट में निम्नलिखित कदम उठाये जाते हैं:–

(ए) साधारणतः, प्रश्नावली द्वारा, ऑडिट कार्य सम्पन्न करनेवाले ऑडिटर को कम्पनी के ई.एम.एस. के बारे में सामान्य सूचना दिया जाता है।

(बी) सूचना प्राप्ति के उपरान्त, लीड ऑडिटर एक ऑडिट टीम गठित करता है।

(सी) लीड ऑडिटर ऑडिट टीम के एक सदस्य के साथ कम्पनी में पूर्व ऑडिट दौरा करता है।

(डी) ऑडिट टीम के गठित होते ही, लीड ऑडिटर, कम्पनी को दिन, अवधि एवं टीम के गठन का पूरा ब्यौरा कम्पनी को प्रस्तुत करता हैं। कम्पनी कर्मचारियों की आवश्यकता, कॉन्फ्रेंस

रूम एवं ऑडिट टीम को सहायता एवं सहयोग प्रदान करने आदि का ब्योरा भी कम्पनी को प्रस्तुत करेगा विशेष कर टीम के आगमन एवं प्रस्थान का ब्योरा कम्पनी को देगा।

(ई) कम्पनी को ई.एम.एस. मैनुएल उपलब्ध कराने के लिए अनुरोध किया जाता है और पूर्व ऑडिट रिपोर्ट भी मांगा जाता है ताकि आगन्तुक ऑडिट टीम को––क्या निरीक्षण करना है? इसकी जानकारी मिले।

(एफ) पूर्व ऑडिट के कागजात, यदि कोई हो, उनकी जांच ऑडिट टीम द्वारा किया जाता हैं साथ ही प्लान्ट का नक्शा, गोदाम, जल वितरण प्रणाली आदि का एक पूर्व ऑडिट ब्योरा तैयार किया जाता है।

(जी) ऑडिट टीम द्वारा ऑडिट प्लान उपलब्ध कागजात के आधार पर प्रस्तुत किया जाता है जो निम्नलिखित है :–

(1) जिन–जिन स्थानों का दौरा करना है उसकी एक समय तालिका तैयार करना।

(2) अतिरिक्त कागजात का निरीक्षण करना।

(3) उन उपलब्ध कागजात का विवरण तैयार करना।

(4) उन व्यक्तियों का नाम प्रस्तुत करना जिनका साक्षात्कार करना है।

(5) एक चेक लिस्ट तैयार करना जो निम्न प्रकार है:–

(अ) कम्पनी का ई.एम.एस.।

(ब) कानूनों एवं नियंत्रण।

(स) मानक के लिए जरूरतें उदाहरण के लिए – कि "क्या अमेन्डेड वाटर ऐक्ट 1974 के अनूकूल प्रदूषण हटाने का काम हुआ है? अथवा नहीं?"

CERTIFICATION AUDIT (Stage - II)

यहाँ पहला कदम जो ऑडिट टीम को करना है, वह है–एक उद्घाटन मीटिंग का आयोजन करना जिसे कम्पनी के संबंधित स्टाफ की मदद से करना है। इस मीटिंग में ऑडिट किये जाने वाले मुद्दों तथा प्लान के बारे विचार विमर्श होगा।

इसके उपरान्त ऑडिट टीम को कम्पनी के कार्य क्षेत्र में निश्चित किये गए उक्त उद्देश्यों की पूर्ति कहाँ तक हुई है, इसकी जाँच करना एवं यथा स्थित प्राप्त करना।

यह कार्य निम्नलिखित द्वारा करनाः–

(ए) उत्पादित वस्तुओं एवं कागजात की जांच।

(बी) सीधे तौर पर अवलोकन द्वारा

(सी) कम्पनी के अहाते में इन्टरव्यूह लेना।

The team examines:-

(1) कम्पनी के सभी पहलुओं और नतीजों की जांच करना।

(2) यह जांच करना कि सभी नियंत्रण संबंधी जरूरतों की पूर्ति हुई है अथवा नहीं।

(3) यदि ऐसा कोई तत्व है जो अवरोधक (Non contormance) साबित होता है तो उसका विवरण प्रस्तुत करना और यह बताना कि वह विशेष तरह का (Major) या साधारण (Minor) है।

इन्सपेक्शन के बाद, जाँच प्रश्न उठाना, कागजातों की जाँच करना और उन सभी मुद्दों पर विचार करना जो दिये गए प्लान तथा चेक लिस्ट पर ऑडिट किये गए हैं। ऑडिट टीम एक आंत्रिक मीटिंग आयोजित करे जिसमें सभी टीम के सदस्यों को भाग लेना आवश्यक है। लीड ऑडिटर भी इस मीटिंग में शामिल हो सकता है।

ऑडिट टीम अपनी उपलब्धियों या प्राप्ति का ब्योरा, इस मीटिंग द्वारा चर्चा करने के बाद, तैयार करेगा और मीटिंग समाप्ति की रूपरेखा (Agenda) को भी अंतिम रूप देगा।

साईड ऑडिट का आखिरी कदम क्लोजिंग मीटिंग है। ऑडिट टीम की उपस्थिति में और प्रबन्धन के प्रतिनिधियों की उपस्थिति में, रिपोर्ट पर बहस या चर्चा होगी। रिपोर्ट पर अनुमोदन प्रदान करने के पूर्व, दोनों पक्षों की ओर से स्पष्टीकरण माँगे जा सकते हैं। क्लोजिंग मीटिंग में ही ऑडिटर को यह एलान कर देना चाहिए कि कम्पनी को 14001 सर्टिफिकेट मिलेगा अथवा नहीं।

THE OTHER STANDARDS OF IMPORTANCE ARE:-

ISO 14010	:	पर्यावरण ऑडिटिंग के लिए निर्देशन तथा सामान्य सिद्धांत
ISO 14012	:	पर्यावरण ऑडिटिंग के लिए निर्देशन एवं ऑडिटर की योग्यताएँ।
ISO 14015	:	पर्यावरण का साईट का विश्लेषण
ISO 14030	:	पर्यावरण लेबलिंग (Eco-Labeling)

''पर्यावरण कानून''

भारत ने अपने चौथे–पाँच वर्षीय योजना की अवधि 1969–74 में पर्यावरण सुरक्षा के महत्त्व को पहचाना। सन् 1972 में, पर्यावरण पर पहला अन्तरराष्ट्रीय सम्मेलन यूनाईटेड नेशन्स ने स्टॉक होम में आयोजित किया।

''कानूनी प्रावधान''

स्टॉक–होम सम्मेलन के 5 ही वर्ष के अन्दर भारत ने अपना संविधान के 42 वें संसोधन 1976 में पर्यावरण–सुरक्षा को एक कानूनी जिम्मेदारी ठहराया।

आर्टिकल 48 'ए' में निम्नलिखित प्रावधान रखे गएः–

कि राज्य सरकार पर्यावरण का विकास और रक्षा करेगा तथा जंगल की और जानवरों की सुरक्षा का प्रबन्ध करेगा।

कि आर्टिकल 51 'ए' बुनियाद दिवस वा (Fundamental Day) से संबंधित होगा।

भारत के प्रत्येक नागरिक का यह कर्त्तव्य होगा कि वह प्राकृतिक पर्यावरण की रक्षा करने में सरकार का सहयोग करेगा और जंगल, झील, नदी और जीवित जंगली जानवरों के रख–रखाव में सहयोग करेगा।

पर्यावरण सुरक्षा कानून 1986:–

संविधान के 42वें संशोधन 1976 के 10 वर्ष बाद 1986 में पर्यावरण सुरक्षा कानून भारत सरकार द्वारा पास किया गया। यह कानून भोपाल ट्रेजडी 1984 के बाद पास हुआ, जो प्रदूषण रोक थाम के आलावा कई समस्याओं के नियंत्रण और रोकथाम से संबंधित है। भोपाल के निकट स्थित यूनियन कार्बाइड कारखाना से विषैले गैस रिसाव के फलस्वरूप एक बहुत बड़ा हादसा, उस क्षेत्र में हुआ, जिसके कारण मनुष्य और जानवर मरे। बहुत लोग शारीरिक कमजोरी, अंधेपन और अपंगता के शिकार हुए।

इस कानून को इसलिए पास किया गया कि पर्यावरण की रक्षा हो, प्रदूषण फैलाने वाले चीजों पर नियंत्रण, एक्सीडेन्ट होने पर जल्द उपचार व्यवस्था करने, पर्यावरण पर प्रतिकूल प्रभाव के डर और उनके ऊपर सजा बहाल करना जो लोग मनुष्य तथा पर्यावरण को खतरे में डालते हैं तथा स्वास्थ्य और सुरक्षा पर आंच आने देते हैं।

(1) इस कानून के उद्देश्य की प्राप्ति के लिए केन्द्रीय सरकार को यह अधिकार सौंपा गया हैं कि वह उचित कदम उठाकर कारगर व्यवस्था कायम कर सके।

(2) यह कानून केन्द्रीय सरकार को उन सभी कार्यो को करने का अधिकार प्रदान करता है जिस कार्य को वह अति आवश्यक तथा पर्यावरण की सुरक्षा के लिए उचित समझे, जिससे पर्यावरण प्रदूषण पर रोक थाम हो, नियंत्रण हो पाये। केन्द्र सरकार को यह भी अधिकार दिया गया कि वह एक प्राधिकार का गठन करे जो प्रदत अधिकारों को उपभोग करे ताकि इस आशय के लिए नियम बना सके।

(3) यह कानून एक नई शक्ति अपना कर किसी कोर्ट तक पहुँचने का अधिकार रखता है इस शर्त्त पर कि किसी नागरिक ने कम से कम 60 day's का notice उक्त पर्यावरण के विरूद्ध अपराध को मद्देनजर रखते हुए दिया हो और उसका मन्तव्य केन्द्र सरकार को शिकायत पेश करना है।

(4) सजा का प्रावधानः– उपर्युक्त कानून के तहत सजा सुनाये जाने की तिथि से, एक साल से ज्यादा अवधि बीत जाने पर अपराधी को 5 साल तक की सजा जेल में बढ़ाई जा सकती है। यह अधिकतम सजा होगी या एक लाख रूपये जुर्माना अथवा दोनों सजाएँ साथ–साथ हो सकती है।

(5) सरकार को यह अधिकार दिया गया है कि वह हवा, पानी, मिट्टी या दूसरे सेम्पल्स (samples) जुटाए, जो उस कानून के तहत हुए अपराध साबित किए जा सकें।

(6) हानिकारक चीजों को नष्ट करने के लिए एक विशेष प्रक्रिया अपनाने की अनुशंसा दी जानी चाहिए कि और कोई व्यक्ति वैसी चीजों को न इस्तेमाल करे जिनको सिर्फ विशेष प्रक्रिया के ही तहत किया जा सकता है।

(7) केन्द्र सरकार को जाँच करने के लिए किसी भी स्थान या परिसर में प्रवेश करने की छूट है जहाँ वह प्रति नियुक्त एजेन्ट या व्यक्ति को अनुमति दे कर करती है। यहाँ यह

जिक्र करना अतिश्योक्ति नहीं होगी कि हाल में हुए एक घटना के मामले में इस कानून का उल्लंघन झारखण्ड में हुआ कि स्वर्णरेखा बहुउद्देशीय योजना (SMP) द्वारा डिमना झील जमशेदपुर के पास नाला खोदने की योजना थी। राष्ट्रीय बोर्ड जो वन पशुओं की देख–रेख करता है, उसने भारतीय वन–कानून (Forest Act) के उल्लंघन का मामला पहचान कर झारखण्ड हाई कोर्ट में (PIL) सार्वजनिक हित का मुकदमा दायर किया। झारखण्ड हाई कोर्ट के निर्देशानुसार, तीन सदस्यों की एक कमिटी बनाई गई और उस कमिटी को जाँच पड़ताल करने के बाद उसको रिपोर्ट प्रस्तुत करने का निर्देश दिया गया। उसके मुताबिक, एक दल (Team) का गठन हुआ जिसके निम्नलिखित सदस्य हुएः–

(क) पी. के. सेन, पूर्व निदेशक ''टाइगर योजना'', को टीम का नेता बनाया गया।

(ख) पूर्व अतिरिक्त प्रिंसिपल मुख्य कनजरवेटर ऑफ फोरेस्ट उड़ीसा, को मेम्बर बनाया गया तथा

(ग) वाईल्ड लाईफ इन्स्टीच्यूट ऑफ इंडिया देहरादून के वरीय वैज्ञानिक को टीम का मेम्बर बनाया गया। उस टीम ने अपना रिपोर्ट कुछ अनुशंसाओं के साथ प्रस्तुत कर दिया है। इस रिपोर्ट को स्वर्णरेखा बहुउद्देशीय योजना प्राधिकार को मानना है।

(8) यह कानून केन्द्र सरकार को अधिकार प्रदान करता है, जिसके तहत वह किसी भी औद्योगिक संस्थान को बन्द करने या रोकने, (निषेध) करने या संचालन करने, चालू करने अथवा खोलने का निर्देशन दे सकती है।

यह केन्द्र सरकार को बिना कोर्ट की अनुमति के बिजली की आपूर्ति या पानी की आपूर्ति या कोई भी दूसरी सेवा को सीधे बन्द कराने का अधिकार प्रदान करता है।

नोटः— यह कहा जा सकता है कि आज CPCBs जैसे अनेक एजेन्सी बहुत ही कड़े रवैया अपनाये हुए हैं और अपराधियों के प्रति शक्ति से पेश आने की अनुशंसा करते हैं।

महत्त्वपूर्ण कानून

(1) The wild life protection Act 1972 amended in 1983, 1986 and 1991.

साधारणतया बड़े—बड़े जानवर (ज्यादातर चिड़ियों या पक्षी और मेमल्स) जो पालतू नहीं है, वे ही जंगली—जीव जन्तु जीवन (wild life) के अन्तर्गत आते हैं।

मछलियाँ 'आर्थिक लाभ के कारण' बेंग, भरूण्डे और दूसरे छोटे जानवर तथा पेड़—पौधे जंगल जीवन के अन्तर्गत शामिल किये गए हैं।

जंगल—जीवन की सुरक्षा तथा रख—रखाव, पर्यावरण के दृष्टिकोण से बहुत महत्त्वपूर्ण हैं।

जंगल—जीवन, पर्यावरण को सुरक्षित रखने के महत्त्वपूर्ण कार्य करने के अलावा भी, इसके दूसरे उपयोगी पहलू हैं जो निम्नलिखित हैं:—

दवा के रूप में:— जंगल—जीवन का महत्त्व दवा—दारू के उपयोग के लिए फायदेमन्द हैं और दूसरे व्यवसायों के दृष्टिकोण से भी लाभदायक हैं जैसे— इनसे फर एवं ऊन मिलते हैं।

यह भी सच है कि एक्वेडर में रहने वाले आदिवासी बेंग के चमड़े में गुप्त रूप से निहित तरल पदार्थ से दर्द निवारण की दवा तैयार करते हैं।

बेंग के चमड़े में पाये जाने वाले गुप्त तरल पदार्थ पर फर्मासिस कम्पनी शोध कार्य कर रही है ताकि उससे दवा बना सके।

एस्थेटिक वैल्यूः– चिड़ियों और पक्षियों का दृश्य, सील को देखना, डॉलफिन्स या ह्वेल मछली न केवल मनोरंजन की दृष्टि से महत्त्वपूर्ण हैं बल्कि ये प्रकृति की खासियत का वर्णन करते हैं।

Enforcement of wild life (Protection) Act 1972 and export-import policy:

इस कानून में, लुप्त हो जाने के खतरे में पड़े हुए जानवरों के खरीद–बिक्री के व्यवसाय पर एक (CITE) सम्मेलन आयोजित करने का प्रावधान है और निर्यात एवं आयात नीति जो भारत की है, उसे राज्यों के वाईल्ड लाईफ डिपार्टमेन्ट की सहायता से तथा BSF एवं सरहद पर तैनात सुरक्षा गार्ड की सहायता एवं सहयोग से, जारी रखने का प्रावधान है।

सन् 2001–2002 में 29 प्रकार के पौधों के निर्यात पर प्रतिबन्ध लगा दिया गया था। समुद्री (Marine) जीव–जन्तु के ''वाईल्ड लाईफ'' कानून 1972 के तहत्, सुरक्षा का प्रावधान निम्न प्रकार के जातियों को दी गई हैः–

(1) शार्क की 10 जातियाँ और रेज् (Rays) मछलियाँ

(2) 9 मोल्यूसेस जातियाँ

(3) सी–होर्स (समुद्री घोड़े) की सभी जाति।

''गैर कानूनी व्यापार पर नियंत्रण''

विशेष कोओर्डिनेशन और एनडोर्समेन्ट कमेटी के निर्णय के अनुसार सरकार ने गैर कानूनी व्यापार और पोचिंग पर नियंत्रण को मजबूत बनाने के लिए राज्य UT Govt. को विभाजित किया कि राज्य स्तर पर और जिला स्तर पर पोचिंग और गैर कानूनी व्यापार, जो वाईल्ड लाईफ पर होते हैं, उन्हें नियंत्रित करने के काम की सहभागिता एवं सहयोग मिल सके। एक टाईगर एनफोर्समेन्ट टास्क फोर्स (A Tiger enforcement Task Force) का गठन किया गया है जो

नियमित रूप से मीटिंग करके टाईगर के विभिन्न पार्टस (भाग) एवं उत्पाद पर गैर कानूनी व्यापार के नियंत्रण नीति तय करता है।

हमारे माननीय प्रधानमंत्री, श्री मनमोहन सिंह ने इस टाईगर प्रोजेक्ट पर विशेष दिलचस्पी दिखाई है, और आज की तारीख में, भारत में कितने टाईगर हैं, इसकी गणना करने का आदेश दिया है।

Tiger killed every day

यह एक ऑफिसियल एवं चौंका देने वाली बात है कि हमलोग 2001–06 के आँकड़े अनुसार प्रत्येक दिन एक टाईगर खो रहे हैं। भारत में टाईगर की आबादी 2001 में 3,642 जिसकी तुलना में टाईगरों की संख्या भारत में मुश्किल से 1300 से 1500 है जो 2006 के सर्वे के अनुसार आँका गया है। जंगल और पर्यावरण मिनिस्ट्री ने नैशनल वाईल्ड लाईफ बोर्ड, जो प्रधानमंत्री श्री मनमोहन सिंह, को बता दिया कि जो टाईगरों विशेष कर सुरक्षित एरिया में से बाहर हैं वे खतरे की अवस्था में हैं। 2001 में 2066 टाईगर रिजर्व और सुरक्षित क्षेत्रों में बाहर में थे। मिनिस्ट्री के अन्दाज के अनुसार, ये टाइगर या तो पोच के शिकार हुए या अन्य जानवरों के साथ संघर्ष में मारे गए। लेकिन 2001 के सर्वे रिपोर्ट के अनुसार सुरक्षित एरिया में 1576 टाइगर सुरक्षित हैं। सर्वे में तरह–तरह के तौर–तरीके अपनाये गए। 2006 के सर्वे आँकड़े, अन्दाज के आधार पर हुए जो वाईल्ड लाईफ इनस्टीच्यूट द्वारा दिये गए। कैमरा द्वारा फोटो लेकर, DNA टेस्ट और सेटेलाईट स्नैपिंग द्वारा प्रधानमंत्री ने तीन अगस्त (शुक्रवार) 2007 को राज्य सरकारों से अनुरोध किया कि वे विकासकारी एजेन्सी बहाल करें ताकि हर टाईगर जो रिजर्व क्षेत्र में है और कंजरवेशन में स्थानीय लोगों का सहयोग जुटायें।

उड़ीसा के आदिवासियों ने "टाईगर बचाओ" रैली निकाली

उड़ीसा के मयूरभंज जिले में हजारों हजार आदिवासियों ने

जागृति पैदा करने के ख्याल से 15 मार्च 2008 को एक विशाल रैली निकाली जिसमें टाईगरों की सुरक्षा की आवश्यकता एवं महत्त्व का नारा बुलन्द किया और आवाज उठाई कि लुप्त हो रहे टाईगरों को बचाया जाए। आदिवासी महिलाएँ एवं बच्चों ने वारीपादा टावर, मयूरभंज के हेडक्वार्टरों में टाईगर बचाओ, पर्यावरण बचाओ आदि नारे लगाये। सिमलीपाल नैशनल पार्क जो मयूरभंज में हैं, देश का पहला प्रोजेक्ट टाईगर रिजर्व है।

यह एक सचाई है कि जंगल और जानवर हमारे जीवन से जुड़े हैं। यदि ये लुप्त हो जायें तो हमारा अस्तित्व भी खत्म हो सकता है। National Tiger Conservation Authority (NTCA) के हाल के सर्वे द्वारा यह प्रकाश में आया है कि आज भारत में सिर्फ 1411 टाईगर बाकी बचे हैं, जो 2002 के सर्वे के आँकड़े से कम संख्या है। इससे यह बात साबित होती है कि उड़ीसा में 60 से कम टाईगर हैं और सिमलीपाल पार्क सिर्फ 30 टाईगरों का घर था।

National Parks:-

हमारे देश में 819 नेशनल पार्क हैं और 497 वाईल्ड लाईफ सांकचुआरी हैं, जो 1.56 लाख वर्ग किलोमीटर क्षेत्र में फैला हुआ है। सन् 2001 से 2002 के बाद से, सुरक्षित क्षेत्र, पहाड़ों, रेगिस्तान और समुद्री किनारे के क्षेत्र हैं जहाँ खतरे में पड़े जानवरों का विशाल समूह है जिनमें, बर्फ में रहने वाले लेपर्ड (बाघ), गैंडा, संघाई डीयर, मस्क डीयर, भारतीय विशाल शेर (Great Indian Hustard), चिंकारा, और काले वक, ये सभी जातियाँ शत–प्रतिशत केन्द्र सरकार के द्वारा सहायता रेकरिंग खर्च की जरूरत है, जिसे पाने के लिये ये जानवर सुयोग्य हैं।

प्रोजेक्ट टाईगरः–

यह स्कीम केन्द्रीय स्तर पर बनी है। सन् 2001–2002 में इस स्कीम के लिए 19 करोड़ रूपये निश्चित हुये। सम्प्रति 27 टाईगर हैं

जो सुरक्षित हैं और ये 14 राज्यों में लगभग 37761 वर्ग किलामीटर में फैले हुये हैं।

Creation of Six New Tiger Reserves

कर्नाटक–भदरा टाईगर रिजर्व 24वाँ और

महाराष्ट्र–पेनच टाईगर रिजर्व 25वाँ टाईगर रिजर्व के रूप में और

बोरी–सतपुड़ा–पंचमढ़ी अन्तर राज्य टाईगर रिजर्व आसाम के मेघालय में।

प्रोजेक्ट हाथीः–

यह प्रोजेक्ट 1992 में लाँच किया गया और यह 12 राज्यों में अर्थात्

1. आन्ध्र प्रदेश, 2. अरूणाचल प्रदेश, 3. आसाम 4. झारखण्ड 5. कर्नाटक 6. केरल 7. मेघालय 8. नागालैंड 9. उड़ीसा 10. तमिलनाडू 11. उतरांचल 12. वेस्ट बेंगाल में हैं।

तीन हाथी रिजर्व 2002 में स्थापित किये गये अर्थात् सिंहभूम (झारखण्ड) मयूरभंज (उड़ीसा) और गारो पहाड़ (मेघालय) में हैं।

एशिया के हाथियों ने एक बार ईरान के 9 मिलियन वर्ग किलोमीटर जंगल से भारत प्रायद्वीप, जावा, सुमात्रा और वोनियो तथा चीन का दौरा किया।

New extinct:-

अभी जो लुप्त हो गए उनमें वेस्ट एशिया, जावा और चीन के बहुत से क्षेत्र जहाँ से 40000 से 50000 हाथी 13 राज्यों के जंगलों में बचे हुए हैं। करीब 15000 एशियन हाथी कैद होकर कमाऊ जानवर बन गए हैं जो अधिकतर भारत में, म्यामार और थाईलैन्ड में हैं। इसकी तुलना में, अफ्रीका में 500 कैदी हाथी हैं जिनमें ज्यादातर चिड़ियाँघरों में और 400000–660000 जंगली जानवरों के साथ में हैं।

The water (prevention, control and pollution) Act 1974 I mended पद 1988.

भारत का वार्षिक ऐवरेज वर्षा लगभग 4000 विलियन क्यूबिक मीटर (BCM) है जो असमान रूप से विभाजित है। पश्चिमी राजस्थान में 100 मिलि मीटर (100mm) और उतरी–पूर्वी राज्य के मेघालय में 9000 मिलिमीटर वर्षा होती है।

जल प्रदूषण रोकने के संबंधित कानूनः–

1. रिवर बोर्ड ऐक्ट 1956
2. मरचेन्ट शिपिंग (संशोधन) ऐक्ट 1979
3. वाटर (प्रिवेन्शन एवं पोल्यूशन कन्ट्रोल) सेस ऐक्ट 1979
4. वाटर (प्रिवेन्शन एवं पोल्यूशन कन्ट्रोल) सेस ऐक्ट 1977

3. The Forest (Conservation) Act 1980, Amended in 1988

जंगल संसाधनों और जंगल एको सिस्टम की व्यवस्था या प्रबन्ध करना अति कठिन कार्य है जो चुनौतीपूर्ण हैं।

यह सच है कि जंगल पुनर्स्थापित होने वाला संसाधन है।

जंगल औद्योगिक ईकाइयों के लिए लकड़ी आदि चीज और सेवाएँ देकर तथा जंगल वासियों के लिए जलावन लकड़ी, फल–फूल आदि देकर आर्थिक विकास को बढ़ावा देता है।

जंगल बहुत से भईटल पार्ट अदा करते हैं जैसे कि पर्यावरण संतुलन बनाये रखना, विकास की गुणवता कायम रखना, मिट्टी कटाव रोकना, जल संसेचित रखना ऑक्सीजन और कार्बनडायोक्साईड के बीच संतुलन कायम करना और बाढ़ का कारण रोकना।

भारत का प्रथम जंगल नीति 1894 में अनौनस किया गया (enunciated in 1894) जिसका मुख्य उद्देश्य लकड़ी का कॉमर्शियल पहलू पर ध्यान केन्द्रित करना था।

1952 में उसका संशोधन किया गया और जंगल की सुरक्षा की नीति अपनाई गई और देश की जमीन का 1/3 (एक तिहाई भाग जंगल के लिए और पेड़ के लिये रख छोड़ने का प्रस्ताव किया गया।)

नई जंगल नीति, जो 1988 में लागू हुआ इसके तहत् पर्यावरण स्थिरता लाने और एकोलोजिकल संतुलन स्थापित करने के लिए अपनाई गई। इस नीति को राष्ट्रीय जंगल नीति (National Forest Policy) भी कहा गया है।

1980 का फोरेस्ट कंजरवेशन ऐक्ट जंगल क्षेत्र को अन्य उद्देश्यों के लिए उपयोग करने की प्रवृति को रोकने के लिये बना था।

उस कानून में यह प्रावधान रखा गया कि कोई भी राज्य सरकार या कोई अन्य प्राधिकार बिना केन्द्र सरकार की अनुमति प्राप्त किये, निम्न प्रकार के आदेश निर्गत नहीं कर सकताः–

(1) कि कोई रिजर्व जंगल कब से रिजर्व नहीं है, ऐसा निर्देशन देना।

(2) कि कोई भी जंगल क्षेत्र को कब से जंगल क्षेत्र न मान कर दूसरे काम के लिए उपयोग करना।

Non Forest Purpose अर्थात् जंगल क्षेत्र न मान कर अन्य उद्देश्य के लिए जंगल साफ कर उपयोग में लाना, लेकिन इसका अर्थ जंगल उजाड़ना नहीं है। यह कानून 1988 में संशोधन किया गया जिसका उद्देश्य यह था कि जंगल क्षेत्र को यदि किसी गैर सरकारी कंपनी या व्यक्ति विशेष को लीज में दिया जाता है और उन पेड़ों को काटा जाता है जो प्राकृतिक रूप से उग कर बड़े हुए हैं, ताकि या तो उसे फिर से वन रोपण करने आदि का उद्देश्य हो तो केन्द्र सरकार की अनुमति लेना जरूरी है। इस कानून में सजा देने का भी प्रावधान रखा गया है कि "इस कानून के उल्लंघन करने वाले सरकारी प्रमुख पदाधिकारी के विरूद्ध अनुशासनिक कारवाई की जा सकती है और सजा दी जा सकती है।"

नोटः— 1980 के जंगल कानून के अतिरिक्त राज्य सरकारों के अपने ही अलग नियम कानून है जो जंगल संबंधी हैं।

जंगल और पर्यावरण मिनिस्ट्री (MEF) 1998—1999 की रिपोर्ट के अनुसार कि जंगल कानून 1980 और इसका संशोधित कानून 1988 ने जंगल क्षेत्र को अन्य उद्देश्य के लिये प्रयोग करने की प्रवृति को आगे बढ़ने से रोकने का काम किया है।

MEF (जंगल एवं पर्यावरण मिनिस्ट्री), ने जंगल साफ करने अथवा रिजर्वेशन हटाने संबंधी निर्देशन को भी नियमित कर दिया है।

Compensatory AFFORESTATION.

केन्द्र सरकार द्वारा इन प्रस्तावों के अनुमोदन करने की जो शर्त है उनमें से सम्पूरक जंगल लगाने की शर्त सबसे महत्त्वपूर्ण है। यह आवश्यक है कि प्रस्ताव बदलने या जंगल के रिजर्ववेशन हटाने और अन्य दूसरे उद्देश्य के लिए उस जमीन का उपयोग करने की बात हो तो एक समुचित स्कीम, जिसके तहत संपूरक जंगल लगाना हो तो उसको केन्द्र सरकार को सौंपना चाहिए।

संपूरक जंगल लगाने के लिए जमीन (Land for compensatory Afforestation):—

(1) जंगल रहित जमीन की बराबरी में ही संपूरक जंगल लगाना है।

(2) जंगल रहित जमीन, सम्पूरक जंगल लगाने के आस—पास ही होनी चाहिए ताकि फॉरेस्ट डिपार्टमेन्ट के लिये नये पेड़—पौधे लगाने में सहूलियत हो।

(3) यदि ऐसी जमीन नजदीक में न मिले तो दूसरी जगह में तलाश करनी चाहिए लेकिन ध्यान रहे कि जगह बदलाव से प्रतिकूल प्रभाव एको सिस्ट्म पर न पड़े।

(4) जब जंगल रहित जमीन न मिले या उपलब्ध जंगल की तुलना में उसका एरिया कम हो, तब उस निम्न श्रेणी वाली जंगल जमीन पर सम्पूरक जंगल लगाने का काम किया जा सकता है बशर्ते कि जो क्षेत्र सम्पूरक जंगल में बदला जा रहा हो वह उपलब्ध जंगल के क्षेत्र से दुगुना बड़ा हो या उपलब्ध जंगल जमीन जिसे बदला जा रहा है उसका अन्तर, उपलब्ध जंगल रहित जमीन के बराबर हो।

(5) जंगल रहित जमीन उपलब्ध न होने पर उस जमीन को केन्द्र सरकार संपूरक जंगल लगाने के लिए स्वीकृति प्रदान कर सकती है बशर्ते कि मुख्य सचिव राज्य/यूनियन टेरीटारी (tate/UT Govt.) भारत सरकार द्वारा निर्गत सर्टिफिकेट हो।

(6) उपर्युक्त सम्पूरक जंगल लगाने का काम कम घने जंगल के जमीन के दुगुने क्षेत्र में किया जा सकता है। इस तरह की व्यवस्था निम्नलिखित किस्म की जमीन पर किया जा सकता है:–

(क) जिस जमीन से खनिज पदार्थ की खुदाई होती है (यदि जंगल का 500 हेक्टेयर क्षेत्र सम्पूरक जंगल में परिणित किया गया हो)। सम्पूरक जंगल कम से कम 1000 हेक्टेयर भूमि पर किया जाना चाहिए।

(ख) यदि जंगल जमीन को ––

लिंक रोड के लिए इस्तेमाल किया जाना हो,
छोटे दायरे में पानी का कार्य करना हो,
लघु सिंचाई काम के लिए,

स्कूल बिल्डिंग बनाने के लिए हॉस्पीटल, डिस्पेन्सरी बनाने के लिए आदि जो पब्लिक को सीधे तौर पर फायदा पहुँचता है, खास करके उन लोगों को जो पहाड़ी क्षेत्रों में रहते हैं, पर शर्त्त यह है कि वैसे जंगल 20 हेक्टर से ज्यादा क्षेत्र का

परिवर्तन न हुआ हो प्रोजेक्ट शुरू करने के पहले वैसे जमीन का चयन होना चाहिए जिस पर सम्पूरक जंगल लगाने का काम करना हो और उसे उस राज्य के फॉरेस्ट डिपार्टमेन्ट को सौंप देना होगा।

The other environmental laws are:-

पर्यावरण के अन्य कानून निम्न प्रकार हैं:–

(7) हवा (रोकथाम एवं प्रदूषण कन्ट्रोल) कानून 1981, संशोधित 1988.

(8) पर्यावरण सुरक्षा कानून 1986.

(9) मोटर व्हीकल कानून 1938, संशोधित 1988 में।

(10) पब्लिक हियरिंग नोटिफिकेशन 1997.

(11) नेशनल एनवैरोनमेन्ट अपेलेट ॲथोरिटी कानून 1997.

(12) कॉस्टाल जोन मैनेजमेंट ॲथोरिटी ऐक्ट 1998.

(13) फैक्टरी ऐक्ट 1948.

"पर्यावरण व्यवस्था तथा उसका मूल्यांकन"

यह सर्वमान्य है कि व्यवसाय धन का उत्पादक है जिससे सम्पति का निर्माण होता है। यह भी सच है कि प्राकृतिक संसाधन सभी प्रकार की सम्पति का आधार है। प्राकृतिक पर्यावरण और जलवायु हमको भोजन, पानी और जीवन तथा उत्पादन प्रणाली की आवश्यक सामग्री उपलब्ध कराता है। देश के विकास और आर्थिक विकास के लिए प्राकृतिक संसाधनों का अंधाधुंध उपयोग होता है जिससे पर्यावरण असंतुलित हो जाता है तथा पर्यावरण की समस्या पैदा होती है।

पौल हॉकेन द्वारा 1993 में प्रकाशित किताब "दि एकोलोजी ऑफ कॉमर्स" जो यह बतलाता है कि – बिजनेस या व्यवसाय तीन बातों का सामना करता है:–

यह क्या लेता है ?
यह क्या देता है ?
यह क्या बर्वाद करता है ?

यह क्या लेता है ?

यह बिल्कुल स्पष्ट है कि यह प्राकृतिक संसाधन लेता है, अर्थात् जमीन से जलवायु व्यवस्था, खदान से, खोदकर, उपज से, शिकार करने के द्वारा और इसी तरह दूसरे–दूसरे तरीके से।

यह क्या देता है ?

यह उत्पाद और सेवा प्रदान करता है जैसे – औद्योगिक प्रक्रियाओं के द्वारा उपयुक्त संसाधनों से दूसरी–दूसरी चीजों, वस्तुओं का निर्माण करके समाज को उपलब्ध कराता है।

यह क्या बर्बाद करता है ?

यह न केवल कूड़ा–कचरा के रूप में प्रदूषण फैलाता है बल्कि जलवायु व्यवस्था को हानि पहुँचाता है।

हमारा व्यवसाय व्यवस्था उपर्युक्त विवेचना के महत्त्व को नजरअन्दाज नहीं कर सकता, विशेष करके पर्यावरण संबंधी खर्च का। यदि इसकी वह अनदेखी करता है तब वह हमारा जीवन आधार की उपेक्षा करता है।

हमारे विवेचना का मुख्य उद्देश्य यह है कि हमारा आर्थिक और पर्यावरण दोनों का उचित संतुलन हमारे व्यवसाय में होना चाहिए। पर्यावरण रक्षा हमारे व्यवसाय का मुख्य भाग होना चाहिए कम्पनियों के लिए आस्था एवं कार्य के योग्य मुद्दे रहना चाहिए। आज के व्यवसायिक समाज के लिए यह परम कर्त्तव्य बनता है कि सभी व्यवसायिक ईकाई अपनी–अपनी मानसिकता एवं नजरियें में परिवर्तन लाएँ।

परिवर्तित नजरिये के साथ ही साथ उपभोग में भी परिवर्तन लाना असम्भव या सम्भव दोनों हो सकता है। अवश्य ही उत्पादन परिवर्तन, वाणिज्य और लेखा व्यवस्था को बढ़ती आबादी के साथ जोड़ने की जरूरत है।

सौभाग्य की बात है कि लोगों में तथा व्यवसाय जगत में इस बात की चेतना जाग रही है कि उत्पादन में नई तकनीक अपनाई जा रही है जिसमें उत्पादन के पैकेजिंग, पुनः उत्पादन, आदि जो पर्यावरण सुरक्षा की दृष्टि से ठीक है।

उपभोग में कमी करने के नये–नये विचार आ रहे हैं जैसेः– ऐसे–ऐसे वाहनों का उत्पादन करना जिनसे धुआँ बिल्कुल नहीं निकलता है। वार्षिक फसलों में नियमितता लाना, कपड़ा मिलों में कूड़े–कचड़े रहित मिलों का उपयोग, इलेक्ट्रोनिक पेपर का उपयोग आदि।

इस तरह हम देखते हैं कि व्यवसाय में सही नीति अपनाना जरूरी है जैसेः उत्पादन, विनिमय, लेखा और व्यापार में जो निम्न प्रकार है––

क्रय–विक्रय नीति

परम्परागत क्रय–विक्रय में, व्यवसाय और क्रय–विक्रय आपस में संबंधित हैं। आज के व्यवसायिक प्रणाली में पर्यावरण लागत गौण है। बाजार व्यवस्था को स्थाई बनाने के लिए यह जरूरी है कि हम पर्यावरण लागत को लेखा में शामिल करें।

स्थाई रूप से सर्व ग्राह्य बनाने के लिए पर्यावरण खर्च को जीवन चक्र में कार्यान्वित करना चाहिए। जीवन चक्र का अर्थ है– कच्चे माल से शुरूआत करके, इसके खनन, उत्पादन, अन्तिम उत्पादन उसका उपभोग और अन्त में बचे हुए कचड़े के समुचित निष्पादन तक की प्रक्रिया शामिल है।

जीवन चक्र (LCA) विष्लेषण हमें पर्यावरण खर्च का अन्दाजा बताता है जो पर्यावरण खर्च के प्रत्येक चरण में होने वाली स्थिति से हमें अवगत कराता है जो कम्पनी यह चाहते हैं कि एक सर्वमान्य स्थाई बाजार व्यवस्था कायम हो, उन्हें चाहिए कि समुचित लेखा प्रणाली में पर्यावरण लागत को भी शामिल करें जो उनके उत्पादित वस्तु के दामों में शामिल रहे। इससे यह होगा कि किसी भी उत्पादित वस्तु की लागत में वृद्धि होगी जो अन्ततः मुनाफा वृद्धि लक्ष्य को प्रभावित करेगा तथा कम्पनी के मालिकों (शेयर होल्डरों) की रूचि पर प्रभाव पड़ेगा।

वैसी परिस्थिति से बचाव के लिए कम्पनी को ''स्टेट ऑफ दि आर्ट तकनीक'' अपनानी चाहिए, जो अधिक कुशलपूर्ण उत्पादन होगा। साथ ही साथ पर्यावरण रक्षा की आवश्यकता की भी पूर्ति होगी। इसके अन्तर्गत निम्नलिखित परिणाम होंगेः–

(1) ''स्टेट ऑफ दि आर्ट टेकनोलोजी अधिक खर्चीला होगा।

(2) जो वस्तुएँ जिनका पर्यावरण से ताल्लुक है वे दामी होंगे।

(3) आधुनिक उर्जा जो उत्पादन में प्रयुक्त होते हैं वें भी खर्चीले होंगे।

(4) कूड़े–कचड़े के निदान, जो स्वास्थ्य के दृष्टिकोण से हानिकारक हैं यदि नहीं किया जाए तो सजा पाने की नौबत आ सकती है।

(5) ई. एम. एस. (EMS) स्थापित करने और आई. एस. ओ. (ISO14001) जाँच भी आवश्यक है।

उपर्युक्त संदर्भ में विकासशील देशों को चाहिए कि वे कम्पनियों का मनोबल बढ़ाने कि लिए अनुदान तथा उत्प्रेरणा प्रदान करें ताकि वे अच्छा व्यवसाय चला सकें।

यह ध्यान देने की बात है कि स्थाई व्यवसाय 'टी' (अर्थात् तकनीक) के व्यवहार को कम करेगा।

बाजार आधारित साधन

बाजार आधारित साधनों के खोज की आवश्यकता है यदि हम पर्यावरण संबंधित संसाधनों की क्षति को मद्दे नजर रखते हुए एक सुरक्षित पर्यावरण नीति बनाना चाहते हैं, जो बाजार आधारित साधनों (MBIs) के ऊपर निर्भर करता हो। आज कुछ विकसित देश इन बाजार आधारित साधनों का प्रयोग कर चुके हैं। यहाँ तक कि विकासशील देश भी इसी दिशा में बढ़ रहे हैं। बाजार आधारित साधन निम्न प्रकार से हैं:–

(1) बहुत से देश उन कम्पनियों को सहायता प्रदान करते हैं जो कम्पनियाँ सुरक्षित तकनीक अपनाते हैं, पुनरावृती कार्यक्रम या उर्जा संचित करने का कार्य करते हैं।

(2) उन कम्पनियों को ईन्सेन्टिव या (उत्प्रेरक राशि) देते हैं जो इको सिस्टम (Eco system) की रक्षा के लिए अतिरिक्त खर्च उठाते हैं।

(3) ईन्सेन्टिव उन विकसित देशों के लिए दिया जाता है जो विकासशील देशों को सुरक्षित तकनीक हस्तांतरित करते हैं।

(4) पर्यावरण बिगाड़ने वालों को सजा के रूप में उनसे टैक्स लिया जा सकता है। उदाहरण के लिए – कि लीड वाले पेट्रोल पर टेक्स लादा जाना और लीड रहित पेट्रोल पर टैक्स रहित व्यवस्था करना।

(5) पर्यावरण प्रबन्धन पर व्यापार परमिट का प्रावधान रखना। जैसे कि ग्रीन हाऊस गैस का व्यापार छूट, बाजार के माध्यम से देना। विकसित देशों में कार्बनडायोक्साईड और दूसरे–दूसरे गैस रिसाव पर प्रतिबंध या नियंत्रण रखते हैं। इस तरह से, नियंत्रण प्रणाली गैस उत्पादन करने वाली कम्पनियों को कुछ सीमित गैस रिसाव की अनुमति प्रदान करते हैं। निश्चित

सीमा से कम गैस रिसाव करने वाली कम्पनियों को अतिरिक्त बची हुए गैस बेचने की अनुमति दी जा सकती है।

"हुकूमत एवं नियंत्रण व्यवस्था"

पर्यावरण सुरक्षा कार्यो में वृद्धि करने से लागत में वृद्धि होती है। इसलिए उत्पादित वस्तुओं के मूल्य में वृद्धि होती है। पिछले दशक में पर्यावरण खर्च पर ध्यान नहीं दिया जाता था। लेकिन अभी दूसरी ही तरह की परिस्थिति नजर आती है। आज तेजी से संसाधनों की कमी की जा रही है और पर्यावरण की क्षति हो रही है।

पर्यावरण खर्च में कमी करने की कोई गुंजाईश नहीं है यदि बिजनेस को आगे बढ़ाना है। इस तरह हम देखते हैं कि पर्यावरण खर्च का वहन, या तो उत्पादक को या तो उपभोक्ता को उठाना पड़ता है। फायदेमन्द स्थिति बनाये रखने के लिए यह जरूरी है कि उत्पादित वस्तुओं को पर्यावरण की दृष्टि से सुरक्षित होना चाहिए तथा कम खर्चीला होना चाहिए।

संप्रति भारत जी. एन. पी. अर्थात् देश के कुल उत्पादन का 0.3 प्रतिशत खर्च देश को प्रदूषण से बचाने में खर्च कर रहा है। यह खर्च विकसित देशों की तुलना में 1 से 3 प्रतिशत के बीच है।

वर्ल्ड बैंक रिपोर्ट दर्शाता है कि ग्रीन–निवेशक, ग्रीन उपभोकताओं की तरह, अस्तित्व में आ रहे हैं। निश्चय, यह प्रवृत्ति एक नये साधन उपलब्ध कराता है जो औद्योगिक प्रदूषण को नियंत्रित करता है।

पर्यावरण नीतिः–

नीति या नैतिकता ग्रीक शब्द के एथोस का प्रति रूप है जिसका अर्थ आचार व्यवहार है।

आचार व्यवहार से हम लोगों का नजरिया या दृष्टिकोण और विश्वास या आस्था को समझते हैं। हम जानते हैं कि हमारे दृष्टिकोण

अथवा सोचने–समझने और देखने के नजरिये पर सामाजिक, आर्थिक और राजनैतिक कारणों का भारी प्रभाव प्रड़ता है। शब्दकोष के अनुसार नैतिकता भले–बुरे के सिद्धान्तों से सम्बंधित है, इसलिए नैतिकता भले–बुरे या अच्छा–खराब का मूल्यांकन है। अभी इसका प्रयोग व्यवसाय और प्रौद्योग में होने लगा है। किसी भी व्यवसाय अथवा कम्पनी का मुख्य उद्देश्य मुनाफा वृद्धि होता है। परन्तु विगत दशक में यह देखने में आया कि व्यवसायिक घराने कई तरह की दुर्नीति अपना कर ग्राहकों व उद्यमियों को परेशान कर दिये हैं, इसलिए उद्यमियों और व्यवसायिक घरानों के लिए जरूरी है कि नीति निर्धारण में वे खुलासे की नीति अपनाएगें।

भारत के संदर्भ में, कि हम नैतिक आचार व्यवहार के महत्त्व का बहुत ही ख्याल रखते हैं, भारत के निवासी भी इसका महत्त्व और इसकी आवश्यकता समझते हैं। स्वामी विवेकानन्द ने कहा है कि चरित्र निर्माण को प्राथमिकता देनी चाहिए इसके बाद जो भी व्यवसाय सीखना हो उसे सीखें। अर्थात् व्यवसाय से पहले नैतिकता सीखो। वास्तव में हम आई.आई.टी., हावर्ड बिजिनेस स्कूल और आई.आई.एम. वगैरह से विद्या सीखते हैं लेकिन आध्यात्मिक ज्ञान (ब्रह्म विद्या) जिसका अर्थ है स्वयं का ज्ञान, नैतिकता आदि जिनकी जानकारी हम किसी संस्था से प्राप्त नहीं करते हैं, परन्तु आज के सदंर्भ में हममें से हरेक को सीखने की जरूरत है। भारतीय संदर्भ में कहा जाये तो हम देखते हैं कि हम नैतिकता पर बहुत ज्यादा चिंतित मालूम पड़ते हैं और भारत के लोग नैतिकता की चर्चा करते हैं, इसकी महत्ता समझते हैं।

पुराने जमाने में सामाजिक दायित्व को किसी भी व्यवसाय में, सुरक्षा और स्वास्थ्य वर्धक कार्यस्थल, शिक्षा इत्यादि तक ही सीमित समझा जाता था जो सरकार द्वारा संचालित होते हैं। कोई भी व्यवसाय जो कुछ भी सामाजिक दायित्व निभा रहा हो और समाज के लोगों से ताल्लुक रखता हो वह समाज की नजर में अच्छा समझा

जाता था और इस तरह से उसका व्यवसाय फलता–फूलता था। जब हम सामाजिक दायित्व की बात करते हैं और समाज कल्याण की चिन्ता करते हैं तब मुनाफे को कम करके समाज की भलाई पर ज्यादा ध्यान देते हैं। इसके अलावा एक दूसरी समस्या जो हमारे सामने है वह पर्यावरण की समस्या है। इन्हें सरकारी प्रावधानों के तहत शक्ति से निभाना है और इससे मुनाफे में और भी ज्यादा कमी होगी। इस तरह से जो कम्पनी कम अवधि में अधिक मुनाफा कमाने की सोचते हैं और सामाजिक तथा पर्यावरण की परवाह नहीं करते हैं तो इससे लागत की वृद्धि हो जाती है।

परन्तु आज के जमाने में सूचना तकनीकी के विकास के कारण काले धन्धों पर परदा डालना मुश्किल हो गया है। इसलिए व्यवसाय के क्षेत्र में भी पर्यावरण का महत्त्व प्रवेश कर चुका हैं।

आवश्यक रूप से कानूनी प्रावधानों को हरेक व्यवसाय में जगह देना लाजिमी हो गया है। इस तरह पर्यावरण नैतिकता को आत्मसात करने में निम्नलिखित लाभ हैं:–

- गह कि जनसाधारण को यह विश्वास दिया जाए कि कम्पनी सरकारी कानून के अधीन जनसाधारण के कल्याण के लिए काम करेगी और इस तरह करने से कम्पनी पर कोई भी सजा नहीं होगी।
- स्थाईत्व हासिल करने के लिए यह जरूरी हो जाता है कि पर्यावरण संबंधी नैतिकता का ख्याल रखा जाए और केवल मुनाफा कमाने का ध्येय न रहे।
- वास्तव में, नैतिकता का उल्लंघन करके लाभ कमाया जा सकता है लेकिन इससे कम्पनी के प्रति लोगों का विश्वास हट जाने का खतरा पैदा हो जाएगा।
- कुछ कम्पनियाँ पर्यावरण के प्रति चेतना एवं जागृति दिखा रही हैं जो पर्यावरण नैतिकता के अनुकूल हैं, जैसे कि हमें

जीव–जन्तुओं के विभिन्न प्रकार को बरकरार रखना इसके लिए हमें तरह–तरह के कृत्रिम खाद या कीट–नाशक दवाओं का प्रयोग नहीं करना चाहिए। आर्ट तकनीकी का विकास कर पर्यावरण को हानि से बचाया जाना चाहिए और संसाधनों की कमी को रोकना चाहिए।

"भारतीय परिदृश्य"

हाल में, मनुष्य के कार्यकलापों में प्रत्येक क्षेत्र में पर्यावरण नैतिकता का पालन हो रहा है। समूचे विश्व में लोग हर व्यवसाय में पर्यावरण नैतिकता अपना रहे हैं। यह देखने में आता है कि हर व्यक्ति एवं व्यवसायिक घराना पर्यावरण नैतिकता के विरूद्ध आचरण कर रहे हैं। जैसे कि ––

दूषित तेल और दूषित खाद्य पदार्थ।
दूध में मिलावट।
एक्सचेंज स्टॉक में घपला।
स्टैम्प पेपर में घपला।
फोडर सकैंप।
प्राकृतिक तथा बायोलोजिकल संसाधनों में हेराफेरी आदि।

इसके फलस्वरूप बहुत सी कम्पनियाँ इस नतीजे पर पहुँची हैं कि पर्यावरण नैतिकता अच्छा व्यवसाय है विशेष कर ऐसी व्यवसायिक कम्पनी जो भारतीय निर्यात से ताल्लुक रखते हैं, और उन्हें आयात करने वालों को गुणवत्ता, वफादारी और पर्यावरण नैतिकता माप–दण्ड से संतुष्ट रखते हैं।

जब हम पर्यावरण नैतिकता की बात करते हैं तब इससे केवल व्यवसायिक घराने तक ही सीमित न समझें, जो पर्यावरण नैतिकता के मापदण्ड को पूरा करते हैं, परन्तु यह एक गम्भीर मुद्दा है जो नैतिक व्यवहार से संबंधित है और सभी संस्थानों की सीमा पार करती है जैसे–

अन्तरराष्ट्रीय समुदाय।
राष्ट्रीय सरकार।
विचार देने वाले।
मीडिया।
बुद्धिजीवी।
सरकारी तथा निजी उद्योग।
गैर सरकारी संस्थाएँ और
सामान्य व्यक्ति।

पर्यावरण नैतिकता समाज के मूल्यांकन प्रणाली से संबंधित रहता है। समाज की इस मूल्यांकन प्रणाली ही वर्त्तमान स्थिति में पर्यावरण के शोषण का कारण बना है। इसी तरह से पर्यावरण एवं जलवायु में आपसी संबंध तथा हमारे सामाजिक और राजनैतिक संबंधों को समझने की आवश्यकता है। पर्यावरण नैतिकता का महत्त्व 'वाच' अर्थात् निगरानी शब्द से आँका जाता है याने –

अपनी जुबान की निगरानी।
अपने कार्य–कलापों पर निगरानी रखना।
अपने विचारों पर निगरानी रखना।
अपने चाल–चलन की निगरानी रखना।
अपने दिल की निगरानी रखना।.: FOREST AND BIO-DIVERSITY MANAGEMENT :-

What is Biodiversity

बायोडायबरसिटी का अर्थ है– अनेक प्रकार एवं अनेक प्रकार के जीवित प्राणी। यह सच है कि बायोडायवरसिटी के अन्तर्गत बायोलोजिकल वेल्थ या (प्राणी धन) है और इसके तीन स्तर हैः–

(1) वंशगत बायोडायवरसिटी

(2) जातीय बायोडायवरसिटी

(3) इको सिस्टम बायोडायवरसिटी

(1) वंशगत बायोडायवरसिटी– इसका अर्थ, अनेक प्रकार के वंश, जो एक ही जाति के अन्दर आते हैं। एक जाति के अनेक प्रकार (किस्म) होते हैं तथा हरेक जाति के अनेक वंश होते हैं या वंशगत विशेषतायें होती हैं।

एक ही जाति के अन्दर अनेक वंशगत भिन्नताएँ होती हैं जो बीमारी, प्रदूषण और दूसरे–दूसरे पर्यावरण बदलाव के अनुसार अपने आप को ढाल लेती हैं। वंशगत विभिन्नता में कमी होने लगती है जब विभिन्न जाति के जीव–जन्तु नाश होते जाते हैं।

(2) जातिगत बायोडायवरसिटी– एक स्थान विशेष में पाये जाने वाले विभिन्न जाति के जीव–जन्तु के बारे में चर्चा का यह विषय है। ज्यादा से ज्यादा जाति के जीव–जन्तु का अर्थ है–ज्यादा से ज्यादा बायोलोजिकल धन या सम्पति।

(3) **Ecosystem Biodiversity** ईकोसिस्टम बायोडायवरसिटी किसी स्थान या क्षेत्र विशेष में पाये जाने वाला सिस्टम से ताल्लुक रखता है। उदाहरण के लिए कि–जंगल, जलीय जमीन, मरूभूमि आदि ईंको सिस्टम के अन्तर्गत आते हैं।

CONVENTION ON BIOLOGICAL BIODIVERSITY (CBD):-

रियो में हुए संयुक्त राष्ट्र सम्मेलन 1992, जो पर्यावरण और विकास पर था, इसने बायोलोजिकल विभिन्नता को अन्तरराष्ट्रीय अजेन्डा (मुद्दा) बना दिया जब बायोलोजिकल विभिन्नता सम्मेलन (CBD) पर हस्ताक्षर किया गया।

अनेक मुद्दे, जंगल से लेकर, कृषि और इन्टेलेक्युअल प्रोपर्टी राईटस (IPRs) तक, इस सम्मेलन में चर्चा के विषय रहे।

1993 में भारत ने 165 देशों के साथ CBD को अपनी सहमति दी। भारत सरकार के मंत्रालय, पर्यावरण और जंगल (MEF) ने हाल ही में अपनी राष्ट्रीय नीति को अंतिम रूप दिया जिसमें तय हुआ कि

कार्य कलाप की रणनीति बायोडायबरसिटी के प्रति क्या होगी। भारत सरकार ने बायोडायवर्सिटी बिल भी 2002 में पास किया।

OBJECTIVES OF CBD:

- CBD के उद्देश्य निम्नलिखित हैं:–
- बायोलोजिकल डायवरसिटी का रख–रखाव
- इसके हर स्रोत का उपयोग में स्थाईत्व को बनाये रखना
- परम्परागत संसाधनों के उपयोग से प्राप्त लाभ का वितरण समुचित रूप से करना।

इस तरह हम देखते है कि उस सम्मेलन में ईकोलोजिकल, आर्थिक और सामाजिक मुद्दों पर विचार विमर्श हुए। विश्व– बायोडायसिटी पर मनुष्य की जानकारी पूरी नहीं है, और लगभग 85 प्रतिशत जाति के पक्षी, जानवर, रेपटाईल्स, अम्फीवियनस तथा मछली की खोज हुई है।

यह एक महत्त्वपूर्ण बात है कि अनेक प्रकार के मानवीय कार्य कलापों के कारण प्रकृति पर बहुत बड़ा असर पड़ता है। ऐसी स्थिति हो सकती है कि कई जाति के जीव–जन्तु बायोलोजिस्ट द्वारा प्राप्त करने और उनके बारे में जानकारी के पहले ही लुप्त हो सकती हैं यह भविष्यवाणी है कि करीबन 60000 जाति के पेड़–पौधे 2050 तक बिल्कुल लुप्त हो जाएंगे।

KALAM CALLS FOR VALUE ADDITION TO NORTH EAST RICH BIODIVERSITY:-

डॉक्टर एपीजे अब्दुल कलाम, भारत का मिसाईलमैन और भूतपूर्व राष्ट्रपति, जब अकाडेमी ऑफ साईंस, का और उत्तर–पूर्व हिल यूनिवर्सिटी परिसर जो शिलोंग के निकट है, बायोडायवर्सिटी पर 72वाँ वार्षिक उद्घाटन समारोह हुआ उसमें उन्होंने कहा कि बिना उपयोगिता वृद्धि के ही, इस क्षेत्र से बायोडायवर्सिटी गायब हो रहे हैं।

उन्होंने यह भी कहा कि उत्तर–पूर्व क्षेत्र में वित्तीय खुशहाली आ सकती है, जब इस क्षेत्र की वन सम्पदा का आर्थिक रूप से इस्तेमाल किया जाये।

उन्होंने विशेषज्ञों को आह्वान किया कि नवीनतम तकनीकी का प्रयोग वन सम्पदा पर उचित रूप से किया जाए ताकि भारत विश्व के 60 विलियन डॉलर हर्बल उत्पाद के क्षेत्र में अपना हिस्सा बढ़ा सके। उन्होंने यह भी कहा कि अभी वन सम्पदा व्यापार में भारत की भागीदारी सिर्फ 1 विलियन है जबकि चीन की भागीदारी 6 विलियन है।

FOREST MANAGEMENT:-

भारत में अनेक प्रकार का ईको–सिस्टम एवं जंगल है, जो विस्तृत रूप से उत्तर–पूर्व दिशा से पश्चिमी घाट तक एवं अण्डमान निकोबार द्वीप समूह से हिमालय के अल्पाईन जंगल तक फैला हुआ है। बन, केन्द्रीय एवं राज्य सरकारों के अधीनस्त है। 1894 में भारत का प्रथम बन नीति एलान किया गया। इसके तहत् टिम्बर के व्यवसायिक कारोबार एवं स्थाई कृषि कार्य के ऊपर विशेष ध्यान दिया गया।

1992 में वन–नीति का संशोधन करते हुए यह जिक्र किया गया कि वन क्षेत्र की सुरक्षा की जाए और यह प्रस्ताव किया गया कि देश के 1/3 जमीन का हिस्सा पेड़ एवं वन के लिए सुरक्षित रखा जाए।

1988 की नई वन नीति पर पर्यावरण स्थाईत्व एवं ईकोलोजिकल संतुलन बनाये रखने पर बल दिया गया।

OBJECTIVES OF THE NATIONAL FOREST POLICY (NFP) 1988:-

N.F.P. भारत के मुख्य उद्देश्य निम्न प्रकार हैं:–

- पर्यावरण संतुलन और उसका रख–रखाव, ईंकोलोजिकल संतुलन बनाये रखने के द्वारा, जो देश के जंगल उजड़ने से भयंकर रूप से बिगड़ गया है।

- देश की प्राकृतिक धरोहर को बनाये रखना, जिसके लिए बचे हुए प्राकृतिक वन सम्पदा एवं विभिन्न जाति के फौना एवं फ्लोरा को सुरक्षित रखा जाए।
- मिट्टी कटाव रोकना, नदी, झील, रिजरवेयर के तटीय क्षेत्र के नंगेपन की रोकथाम करना।
- पेड़–पौधे प्रचुर मात्रा में लगाना और सामुदायिक वन कार्यक्रम के माध्यम से वन का विस्तार करना।
- जलावन लकड़ी की जरूरत, मवेशी चारागाह लघुवन उत्पाद, और छोटे–छोटे टिम्बर की जरूरत तथा ग्रामीण एवं जन जातियों की आवश्यकताओं को पूरा करना।
- वन उत्पादन में वृद्धि करना ताकि देश की जरूरतें पूरी की जा सकें।
- जंगल सम्पदा के सम्मुचित उपयोग को बढ़ावा देना और लकड़ी की जगह अन्य संसाधनों के प्रयोग को बढ़ावा देना।
- उपर्युक्त उद्देश्यों की प्राप्ति के लिए वृहद रूप से जन आन्दोलन की जरूरत है जिसमें महिलाओं की सहभागिता हो।

यहाँ यह जिक्र करने वाली बात है कि उड़ीसा की महिलाएँ स्वेच्छा से जंगल की रक्षा करती हैं। वे वन अधिकारियों का भी खुल कर सहयोग करती हैं।

वन प्रबन्धन अपने आप में जटिल प्रणाली है जिसमें निम्न पहलुओं का सहारा लेना जरूरी होता है:–

(ए) कानून

(बी) प्रशासन

(सी) आर्थिक / वित्तीय

(डी) सामाजिक

(इ) वैज्ञानिक

The effort has bun made for conservation of forests which includes:-

- ईको सिस्टम का रख–रखाव
- वस्तुओं के उत्पादन एवं सेवाएँ उपलब्ध कराना जो कि आर्थिक सामाजिक एवं कानूनन उपयुक्त और स्थाई हों।
- वन सम्पदा की व्यवस्था सोच समझकर करना होगी जो कि निम्नप्रकार के विभिन्न कार्य कलापों को मद्देनजर करना होगा – जिसको मुख्यतः तीन भागों में बाँटा गया है:–

(1) Forests for maintaining eco-system:-

वन, ईको सिस्टम के रख–रखाव के लिए हैं, जो निम्नलिखित हैं:–

(ए) फौना एवं फ्लोरा की रक्षा

(ब) कार्बन चक्र

(सी) वनैले जीव जन्तुओं की सुरक्षा

(डी) टूरिस्ट व्यवस्था को बढ़ावा देना

(इ) लुप्तप्राय जीव–जन्तुओं की जाति की रक्षा करना

(एफ) नैशनल पार्क/संक्चुआरीज की रक्षा करना

(जी) मिट्टी कटाव रोकना

(एच) सिंचाई और जल के बहाव रोकना

(2) Consumption of forest resources by forest dwellers, tribals and rural people. This includes:-

वन सम्पदा का उपभोग जो वनवासी, जन जाति और ग्रामीण करते हैं वे निम्नलिखित हैं:–

(ए) जलावन लकड़ी: करीबन 60 प्रतिशत आबादी जो शहर एवं ग्रामीण क्षेत्र में रहते हैं, वे अपना भोजन पकाने के लिए जलावन लकड़ी का इस्तेमाल करते हैं।

(ब) मवेशी चरागाहः गाय–बैल, भेड़–बकरी, भैंस आदि जानवर जंगल के पत्ते, घास–पूस आदि खाते हैं।

(सी) फल एवं वन औषधिः गरीब लोग कई तरह ऋतुवद्ध फल जैसे– आम, अमरूद, पाईन स्पल, कटहल, आँवला, विभिन्न, प्रकार के बेरी (फल) आदि खाते हैं और अपनी भूख मिटाते हैं। वे कई तरह की वनस्पति को दवा के रूप में इस्तेमाल करते है।

(डी) घरेलू साज समाज के लिए विभिन्न प्रकार की लकड़ी जैसे – सखुआ, आम, गम्भार, पैशार, सागवान, आदि दरवाजा, खिड़की एवं फर्नीचरों के लिए इस्तेमाल करते हैं।

(इ) मधू जैसे लाभदायक भोजन वस्तु

(एफ) बुनाई के साधन जैसे रस्सी/रस्सा एवं टोकरी आदि : अनेक प्रकार की लम्बी–लम्बी घास से रस्सी बनाये जाते हैं। बाँस से टोकरी एवं विभिन्न प्रकार की सजावट के सामान बनाये जाते है। बाँस से कागज निर्माण का कार्य होता है। ये सभी जंगल से प्राप्त होते हैं।

(3) Forest as Industrial Uses :

(ए) टीक या सागवान की लकड़ी पैटर्न बनाने के लिए इस्तेमाल होती है जो आयरन एवं स्टील उद्योग में काम आता है।

(ब) पल्प–मड का इस्तेमाल अखबार एवं पैकेज बनाने के काम आता है।

(सी) वाली/कांड़ रेल पटरी बिछाने के काम आता है।

(डी) गम, रेसिन, तेल आदि वन से ही प्राप्त होते हैं।

(ई) पर्टिकल एवं फाईबर बोर्ड के लिए वन सम्पदा का इस्तेमाल।

(एफ) विनीयर लगस–प्लाईवुड और फर्नीचरस के काम आता है

विकसित देश, वन एवं वन संसाधन के इस्तेमाल करने के वैज्ञानिक तौर तरीके विकसित किए हैं।

दूसरी तरफ विकासशील देशों में लोगों के क्रिया कलाप के फलस्वरूप पेड़–पौधों की अंधा–धुंध कटाई एवं जंगल उजड़ जाने, तेजी से आबादी के वृद्धि होने एवं गरीबी के कारण जिनके पास जमीन नहीं है वे जंगल को खेती लायक बनाते और लकड़ी काट कर जलावन प्राप्त करते हैं।

माईनिंग के लिए, नये हाईवे बनाने, रेलवे लाईन बिछाने के लिए एवं उद्योग स्थापना आदि जंगल उजाड़ने की दिशा में काम किये जाते हैं। इसलिए यह स्पष्ट है कि जंगल उजाड़ने का मामला संकुचित या सीमित रूप में नहीं देखा जा सकता क्योंकि यह दूसरे कई तरह के विकास के कार्यो से संबन्धित है।

वन व्यवस्था की कोशिशें निम्नलिखित बातों के आधार पर होना चाहिएः–

(1) जंगल के अतिक्रमण रोकने के लिए जमीन सुधार योजनाओं में वन की जमीन के एवज में उन जमीन रहित लोगों की, अन्य तरह के जमीन उपलब्ध कराना चाहिए, और कृषि कार्य को, जंगल क्षेत्र से बाहर, बढ़ावा देना चाहिए।

(2) वन वासियों एवं उनके आश्रितों को अपना जलावन एवं चारागाह के लिए अन्य तरह के साधन एवं ऊर्जा विकसित करने का प्रोत्साहन एवं सलाह देना चाहिए।

(3) रूरल डेवलोपमेन्ट प्रोग्राम में वन वासियों को समुचित एवं आधुनिक कृषि प्रणाली उन्हें अवगत कराना चाहिए ताकि जंगल को संकुचित होने से रोका जा सके।

(4) पशु पालन एवं चिकित्सा विभाग को चारागाह की व्यवस्था करना चाहिए ताकि वन में पशुओं की चराई न हो।

Assessment and full calculation of Forest produce:-

वन सम्पदा के उचित उपभोग के लिये यह निहायत जरूरी है कि वन सम्पदा का पूर्ण रूप से मूल्यांकन हो सके।

भारत के आर्थिक एवं व्यवसायिक नीतियों का संबंध प्रत्यक्ष रूप से वन सम्पदा के साथ है, अतः वन की रक्षा एवं उसके स्थाईत्व को बनाये रखते हुए उपयोग होना चाहिए।

इसके लिए इन्सेन्टिव का प्रावधान उनके लिये बनाया गया है जो लकड़ी के बदले अन्य प्रकार के ईंधन या ऊर्जा का प्रयोग करते हैं। ईंधन या ऊर्जा बचाव वाले साधन के प्रयोग के लिये जैसे सौर ऊर्जा, बायोगैस इस्तेमाल करने वालों को अनुदान दिया जाना चाहिए।

ECO TOURISM:-

जंगल की वित्तीय सम्भावना/श्रोतों का और एक उपाय ईको टूरिज्म है। ईको टूरिज्म ने एक उद्योग का रूप ले लिया है। इसके चलते स्थानीय सांस्कृतिक एवं पर्यावरण के धरोहर पर कम से कम असर पड़ता है।

यह स्थानीय लोगों के लिए स्वरोजगार वृद्धि का एक उपाय प्रस्तुत करता है । बहुत से राज्य सरकारों ने ईको टूरिज्म को बढ़ावा देने की पहल की है। वनोत्पाद एवं सेवाओं के आर्थिक मूल्य का आंकन निम्न रूप से किया गया।

भारत में वन सम्पदा के प्रत्यक्ष एवं गौण उपयोग के नाप–तौल निश्चित करने के लिए अनेक तौर तरीके अपनाये जाते हैं तथा उन्हें विकसित करने की कोशिश की जाती है। भारत सरकार ने देश की वित्तीय स्थिति की वृद्धि के लिए एक विशेष कार्यवृत्ति अपनाया है जिसमें प्राकृतिक संसाधनों का लेखा–जोखा बनाया है, जिसके आधार पर वन सम्पदा का वास्तविक देन किया है इसकी जानकारी होती है। इस लेखा–जोखा का परम्परागत लेखा–जोखा के साथ समन्वय स्थापित करना चाहिए।

PLANNING ASSESSMENT AND COMMERCIAL TRADE PROCESS:-

वन सम्पदा का मूल्यांकन ''फोरेस्ट सर्वे ऑफ इण्डिया'' द्वारा किया गया जो ''पर्यावरण एवं वन'' मंत्रालय के अधीन है।

जंगल के क्षेत्र के परिमाप एवं उसके नक्शे की प्रस्तुति दो साल में एक बार करना इसका मुख्य कार्य है। इसके लिए रिमोट सेंसिंग डाटा, क्षेत्र विशेष पर इन्भेन्ट्री द्वारा बढ़ते स्टॉक का इस्तेमाल किया जाता है। रिमोट सेंसिंग के प्रयोग के लिये राज्यों एवं यूनियन टेरिटोरिज के वन विभाग के अधिकारियों को प्रशिक्षण उपलब्ध कराना भी शामिल है।

Sustainable Development Strategies:-

यह बिल्कुल निश्चित है कि भविष्य में वन–विकास का स्थाईत्व कायम रखने के लिए एक विस्तृत संतुलन एवं निर्धारित लक्ष्य प्राप्ति की रणनीति भारत को अपनाना जरूरी है।

एक गहन अध्ययन से जाहिर होता है निम्नलिखित वन सम्पदा हर साल जंगल से निकाली जाती हैः–

– 270 मिलियन टन जलावन लकड़ी

– 280 मिलियन टन मवेषी के लिए चारा

– 12 मिलियन क्यूबिक मीटर से ज्यादा टिम्बर एवं अनगिणत अन्य वन सम्पदा

यह साफ है कि देश की वन सम्पदा का प्रबन्धन पूरी तरह व्यवस्थित रूप से नहीं हो रहा है। वन की वर्त्तमान स्थिति के कुछ कारण है जो निम्न प्रकार से हैंः–

- एक स्थाई वन व्यवस्था बनाये रखना बहुत ही जटिल समस्या है।
- यह बहुत ही खर्चीला एवं कठिन है।

- सही तकनीकी एवं अन्वेनशन का अभाव
- पर्याप्त वित्तीय स्रोत की कमी

निजी क्षेत्र की भागीदारी के प्रोत्साहन विकसित तकनीकी, पेड़–पौधे लगाने का हिसाब, ऋण की व्यवस्था, बाजार व्यवस्था की सुविधा और अन्य इन्सेंटिव के द्वारा किया जाना चाहिए।

TROPICAL RAIN FORESTS:-

ट्रोपिकल रेन फोरेस्टस (Tropical Rain forests) जहाँ अनेक तरह के जीव–जन्तु एवं पेड़ पौधे बहुतायत से पाये जाते है जिनको अनेक प्रकार की व्यवस्था की जरूरत है, अपने आप में एक अच्छा उदाहरण है।

ये जंगल ट्रोपिक ऑफ कैंसर और ट्रोपिक ऑफ कपरीकोर्ण (मकर रेखा) के बीच पाये जाते हैं। अच्छी वर्षा वाले क्षेत्र में होने के कारण जंगल हरे–भरे और नमी एवं आद्रता में रहते हैं। यह अनुमान किया जाता है कि 50 प्रतिशत से ज्यादा पेड़–पौधे एवं जीव जन्तुओं की जातियाँ पाई जाती हैं। फिर भी ऐसे पेड़–पौधे कम क्षेत्र में पाये जाते हैं । वे बहुत भिन्न तरह के ईको सिस्टम, बायोलोजिकल सम्पति एवं प्रदेशी विभिन्नता का प्रतिनिधित्व करते हैं।

विशेषज्ञों के मुताबिक ट्रोपिकल रेन फोरेस्ट एक कारगार ईको सिस्टम का काम करते हैं, जो जीवित रहने के लिए अपने आप संसेचित एवं पुर्नस्थापित होते हैं, और औद्योगिक ईकोलोजी का कारण बनते हैं। क्योंकि हरेक अंग का विनाश होता है, और उसके अवशेष पोषक तत्व बनते जाते हैं, उसे पेड़–पौधे नई जिन्दगी प्राप्त करते हैं। मृत पेड़ पौधे जंगल के बाहर नहीं होते हैं क्योंकि रिसाईकलींग द्वारा पुनः पोषक तत्व में बदल जाते हैं।

The following are the Important Observations on Tropical rain forests :-

ट्रोपिकल रेन फोरेस्ट की व्यवस्था करने में एक स्थिर विचार की

जरूरत पड़ती है जिसमें कटाई और पुनर्स्थापन के बीच संतुलन कायम रखा जाता है।

विभिन्न प्रकार के पेड़–पौधे लगातार इन जंगलों में मरते रहते हैं। इसलिए यह अच्छा है कि उनकी कटाई ईको सिस्टम द्वारा स्थापित सीमा के अन्दर होनी चाहिए।

रबर, नटस और फल आदि उपयोगी पदार्थ इन वृक्षों से उपलब्ध होते हैं । इसलिए इन पेड़ों को काटने के बजाय इन उत्पादों का हरवेस्टिंग होना चाहिए।

उपर्युक्त के अलावा वन व्यवस्था के सामान्य सिंद्धातों को दूसरे अन्य पहलुओं पर भी लागू करना चाहिए जो निम्नलिखित हैंः–

(1) ग्रामीण जनता का जीवन स्तर ऊँचा होता है, क्योंकि वे जंगल से भोजन, वास स्थान एवं दवाईयाँ प्राप्त करते हैं।

(2) भोज्य पदार्थ (अनाज) के उत्पादन में वृद्धि।

(3) जलावन लकड़ी उपलब्ध करने में प्रोत्साहन देना अथवा वैकल्पिक व्यवस्था करना।

(4) जोत कोड़ के तौर तरीकों में बदलाव लाना।

(5) स्वरोजगार के अवसर बढ़ाना तथा आय अर्जन का विकास करना।

MANGROVES:-

बगीचे वन के ही हिस्से होते हें जो दुनियाँ के ट्रोपिकल और सब ट्रोपिकल क्षेत्रों में होते हैं।

भारत में गंगा, गोदावरी, कृष्णा और कावेरी के डेल्टाओं में ऐसे बगीचे पाये जाते हैं तथा अण्डमान निकोबार द्वीपों में भी पाये जाते हैं।

1986–87 में भारत सरकार ने बगीचे एवं कोराल रीफ की उचित व्यवस्था करने के लिए विशेष स्कीम तैयार की है। बगीचे एवं कोराल रीफ के रख–रखाव के लिए राज्य स्तर पर भी कमिटियाँ गठित की गई हैं जो इस स्कीम के लागू करने के लिए हैं।

''मिनिस्ट्री ऑफ एनभैरोनमेंट एण्ड फोरेस्ट'' ने निम्नलिखित बगीचों के रख–रखाव की योजना तैयार की है:–

(ए) सुन्दर वनों जो पश्चिम–बंगाल में हैं।

(बी) पिचावरम और मूल्यूपेट जो तमिलनाडू में हैं।

(सी) पूर्वी गोदावरी, कृष्णा और कोरिंगा जो आन्ध्रप्रदेश में हैं।

(डी) गोवा

(ई) अण्डमान और निकोवार द्विप समूह

Water Resources:-

1996 में मिनिस्ट्री ऑफ वाटर रिसोर्से (MOWR) ने नैशनल कमिशन का गठन किया। जो जल संग्रह के श्रोतों के विकास के लिए है ताकि निम्नलिखित योजनाएँ तैयार की जा सकें:–

(ए) उपलब्ध जल श्रोतों के आधार पर ही जल स्त्रोत विकास योजना बनाना।

(बी) अतिरिक्त जल को जल रहित तालाबों में स्थानानांत्रित करने के लिए एक जरूरत आधारित मॉडल तैयार करना।

(सी) जमीनी सतह के पानी के स्त्रोत और सिंचाई सुविधाओं की सम्भावनाओं का मूल्यांकन करना जो देश के विभिन्न जल रहित तालाबों में जल स्थानांनत्रित की व्यवस्था की जा सके।

There are two types of water resources available, they are:-

(1) जमीनी सतह का पानी और

(2) जमीन के अन्दर का पानी।

(1) SURFACE WATER

इसके तहत, नदी का जल, तालाब का जल, झील का पानी, समुद्र का पानी आदि। प्रायः हर साल देश के कई क्षेत्रों में बाढ़ की आपदा आती रहती है। केन्द्र एवं राज्य सरकारें बाढ़ की बरबादी से जूझते रहते हैं।

157 बाढ़ संबंधी भविष्यवाणी करने के नेटवर्क बने हैं जो दो राज्यों के बीच के नदी–प्रणाली, सेन्ट्रल वाटर कमिशन के तहत बाढ़ संबंधी भविष्यवाणी करते हैं। करीब 40 मिलियन हैक्टेयर क्षेत्र को बाढ़ ग्रस्त क्षेत्र के रूप में चिन्हित किया गया है।

करीब 16.4 मिलियन हैक्टेयर को बाढ़ से सुरक्षा प्रदान करने के उद्देश्य से मेड़–बन्दी, ड्रेनेज चानेल जैसे उपाय किये जा रहे हैं।

देश के 1/6 भाग ज्योग्रोफिकल क्षेत्र सूखाग्रस्त क्षेत्र के रूप में चिह्नित किये गए हैं जिसके लिए वृहद रूप से राहत कार्य किए जा रहे हैं।

कृषि एवं कम खर्चीले निर्माण कार्यो, सूखा खेती, जल छाजन विकास आदि के सूखा ग्रस्त क्षेत्र कार्य क्रम के अन्दर, विशेष प्राथमिकता दी गई है।

(2) GROUND WATER:-

जब म्यूनिस्पल वाटर सप्लाई अपर्याप्त रहती है तब शहरीय क्षेत्र में जमीनी सतह के जल उपयोग में लाए जाते हैं। पेप्सी कोला कारखाने बहुत ज्यादा पानी की खपत करते है।

ग्रामीण क्षेत्र में भी इस पानी को सिंचाई के लिए उपयोग किया जाता है। विभिन्न जल रहित तालाबों, झीलों के लिए पानी स्थानात्रण करने के उद्देश्य से जल स्त्रोत एवं सिंचाई की सम्भावनाओं का पता लगाया जा रहा है।

DAMS AND THEIR ROLES:-

जीवन के लिए सबसे जरूरी आवश्यकताओं में से प्रचुर मात्रा में स्वच्छ एवं सुरक्षित जल वितरण है जो जीवन को सहयोग प्रदान करता है। स्वास्थ्य एवं सफाई की व्यवस्था बनाये रखना बहुत जरूरी है। पानी एक नैसर्गिक पुनर्स्थापित किया जाने वाला ऊर्जा स्त्रोत है और इससे विकास के सारे पहलू प्रभावित होते हैं।

भारत वार्षिक वर्षा के मामले में बहुत ही सौभाग्यशाली है तथा समूचे जल स्त्रोत जो इस देश में उपलब्ध है।

जल स्त्रोतों की स्थाई व्यवस्था का ताल्लुक ईको सिस्टम, डैम रिजरवीयर, जंगल के डूबने, दुर्लभ पेड़–पौधों और जानवरों से है तथा संक्रामक रोगों के फैलने आदि से है।

आज हम जल–दुर्भिक्ष विश्व में रहते हैं। अनेक विकासशील देश के लोग स्वच्छ पेय जल के अभाव में जीते हैं। वास्तव में विश्व भर में केवल 10 प्रतिशत पानी ही घरेलू इस्तेमाल में आता है, 70 प्रतिशत सिंचाई में, और 20 प्रतिशत औद्योगिक कार्यो में उपयोग होता है। यह अनुमानित है कि एक टन गेहूँ उत्पादन में 1000 टन पानी की जरूरत पड़ती है। डैम निर्माण से निम्नलिखित लाभ एवं हानि हो सकते हैं:–

यह एक बहुत ही खर्चीला कार्य है:–

– बहुत लोगों को घर एवं गाँव को विस्थापित करना पड़ता है।

– आज के सन्दर्भ में वैसे लोगों की पुनर्स्थापन एवं पुनर्वास की समस्यायें मुख्य स्थान लेती हैं।

– विस्थापित होने वाले लोगों के विरोध एवं उपद्रव का सामना करना पड़ता है।

BENEFITS:-

लाभ बहुत ज्यादा हैं:–

– यह उर्जा स्त्रोत है जो पुनरस्थापित करने योग्य है।

– यह पेय जल समस्या का एक निदान है।

– यह जल विद्युत पावर जेनेरेट करने और बिजली की समस्या दूर करने में सहायक है।

– इससे बाढ़ का खतरा टाला जा सकता है।

– डैम के पानी को सिंचाई के लिए इस्तेमाल किया जा सकता है। इस तरह किसान साल में दो से तीन फसल उगा सकते हैं और उनकी आर्थिक समस्या दूर हो सकती है।

SUGGESTIONS:-

जल की दुर्लभता दूर करने के लिए चेक डैम निर्माण, नदी के अनेक स्थानों पर किया जाना चाहिए।

FOREST PRODUCT AND TRADES:-

यह सर्वमान्य सच्चाई है कि जंगल की पुनः स्थापना सम्भव है और इस संसाधन की क्षमता आर्थिक विकास के लिए बहुत अधिक है। वन सम्पदा एवं सेवाएँ उद्योगों, मनुष्यों और जंगल में निवास करने वालों के लिए लाभप्रद हैं। जंगल रोजगार मुहैया कराता है। जंगल निम्नलिखित सेवाएँ प्रदान करता हैं:–

- पर्यावरण संतुलन बनाये रखना।
- पर्यावरण की गुणवत्ता बनाये रखना।
- मिट्टी कटाव रोकना।
- जल संग्रह करना।
- जल चक्र संचालित करना।

- ऑक्सीजन एवं कार्बनडायोआक्साईड में संतुलन कायम करना और बाढ़ रोकथाम।
- वन सम्पदा एवं व्यापार के संबंध में फॉरेस्ट शीर्षक अध्याय में विस्तृत चर्चा की गई है।

VALUE OF BIODIVERSITY :-

धरती के जंगल, झील, नदी, तालाब, मरूस्थल और समुद्र जैसे बहुत सेईको सिस्टम मिलकर बायोडायवरसिटी का निर्माण करते हैं। हरे खेत और सुंदर बाग–बगीचे बायोडायवरसिटी के महत्त्वपूर्ण स्थान हैं।

प्रकृति में पाये जाने वाले सभी बायोडायवरसिटी हमारे लिए बहुमूल्य स्त्रोत हैं जो हमें निम्नलिखित आवश्यकताओं की प्राप्ति में सहायता प्रदान करते हैं:–

- भोजन और वस्त्र
- घर
- दवा और
- आमोद–प्रमोद

बायोडायवर्सिटी का मूल्यांकन निम्नलिखित द्वारा किया जा सकता है:–

- आर्थिक
- सामाजिक

स्थेटिक द्वारा जो प्रकृति से प्राप्त होते हैं। इसके अलावा, विगत सदी में कृषि वैज्ञानिकों ने श्रेष्ट जेनेयूल का इस्तेमाल, बहुत ही अधिक उत्पादन देने वाले अनेक जाति के पेड़ पौधों के लिए किया तथा अनेक प्रकार के अनाज की खेती के लिए किया।

इसके आलावा, पेड़–पौधों के बायोडायवर्सिटी हमें अनेक तरह के तिलहन गम, रबर, लैटेक्स, डाई, पल्थ, फाईबर और अन्य उत्पाद देते हैं जो उद्योग को बढ़ावा देते हैं और विभिन्न तरह की जड़ी–बूटियों एवं दवा तथा रासायनिक पदार्थ उपलब्ध कराते हैं।

यह सुनिश्चित रूप से कहा जा सकता है कि सभी जाति के पेड़–पौधों में से एक तिहाई भाग (1/3) फल, कंद, पत्ती, जड़, बीज या नट आदि मनुष्यों के जीवन को फायदा पहुँचाते हैं। सभ्यता आदि की तुलना में, कृषि क्षेत्र में अपूर्व तरक्की की गई है। अभी हम लोग वैज्ञानिक रीति से तैयार किये गए उत्तम एवं उन्नत किस्म के बीज एवं फसल उपजा सकते हैं जिससे हम रोग/बीमारी रोकथाम कर बड़ी आबादी को खिला सकते हैं।

COST BENEFIT ANALYSIS (CBA):-

बायोडायवर्सिटी के आर्थिक मूल्यांकन के लिए सी.बी.ए. (CBA) अपनाने की सलाह दी जाती है। फिर भी, सी.बी.ए. में कुछ त्रुटियाँ हैं क्योंकि भावी पीढ़ी के प्रभाव का अनुमान कठिन है। यह भी कि सी. बी.ए. प्राकृतिक एवं सामाजिक अनिश्चितताओं के साथ सही बर्ताव नहीं कर सकता।

बायोडायवर्सिटी मूल्यांकन का अर्थ है सभी स्तर पर विभिन्नता अर्थात् कि:–

- ईको सिस्टम
- वंश एवं जाति

आर्थिक मूल्यांकन केवल यह दे सकता है–

(1) सामान्य तौर पर प्राकृतिक संसाधनों से क्या–क्या फायदे हैं।

(2) पर्यावरण या बायोडायवर्सिटी भिन्नताओं में एकरूपता लाने के खर्च क्या हो सकते हैं?

जहाँ तक दवाई के फायदे की बात है, सब तरफ वन सम्पदा से दवा प्राप्त कर लोग अपने स्वास्थ्य को बरकरार रखते हैं। यह पाया गया है कि दवाओं में 1/4 तत्व जंगल की जड़ी–बूटियों से प्राप्त कर मिलाये जाते हैं। आज के ग्लोबल युग में विकसित देश भी जंगल की जड़ी–बूटियों को दवा के रूप में स्वीकार करते हैं। इसलिये यह बड़ी ही बुद्धिमानी होगी कि जंगल की जड़ी–बूटियों पर खोज की जाए और उसमें उपयोगिता जोड़ कर निर्यात किया जाए।

यहाँ यह कहना वाजिब लग रहा है कि ''हिन्दुस्तान अनलिभर'' जो दुनियाँ का प्रथम दर्जे का एफ.एम.सी.जी. (FMCG) कम्पनी खोज (Research and development) कार्य में बिलियन–बिलियन डॉलर रूपये खर्च कर रही हैं और इस तरह से भारतीय उत्पादन को ''कैप्सूल'' में बदल कर भारतियों को भी दवाईयाँ बेच रही है। उदाहरण के तौर पर हम पाते हैं –

जैसे – आवंला कैप्सूल
– करैला कैप्सूल आदि।

विश्व स्वास्थ्य संस्था (WHO) द्वारा यह अनुमानित है कि विकसित देश के लाखों लाख आदमी अपनी प्राथमिक चिकित्सा के लिए दवा के पौधों पर निर्भर करते हैं। भारत में करीब 1800 विभिन्न प्रकार की जड़ी–बूटियों से परम्परागत वैद्य आयुर्वेदिक दवाओं से रोगियों की चिकित्सा उपलब्ध कराते हैं। हमारा पड़ोसी देश चीन भारत से जड़ी–बूटियाँ प्राप्त करता है और उसकी उपयोगिता बढ़ाकर (Value Addition) विकसित देशों में दवा निर्यात करता है और उससे बिलियन और बिलियन डॉलर लाभ कमाता है। औद्योगिक देश भी जड़ी–बूटियों से दवा दारू कराने की ओर तेजी से अपनी रूचि बढ़ा रहे हैं।

यह अनुमानित है कि चीन के साथ दवा के अन्तरराष्ट्रीय बाजार/व्यापार में 4000 से 6000 विभिन्न जाति के ''मेडिसिनल प्लाट'' की खरीद बिक्री हुई है, जिसमें चीन की निर्यात भागीदारी

करीब 30 प्रतिशत है। 1992 में यू.एस. के रिटेल मार्केट में वनौषधि का मूल्य करीब 1.5 बिलियन डॉलर तक पहुँचा और यूरोपियन बाजार में इसका मूल्य उससे भी ज्यादा हो गया।

भारत में करीब 6 मिलियन आबादी विभिन्न तरह के पेड़–पौधों पर निर्भर है जिनसे उनकी घरेलू जरूरतें पूरी होती हैं और अपना रोजगार चलाते हैं और अपना जीविका अर्जित करते हैं। इस तरह के लोग अपना जीवन–यापन बन सम्पदा से करते हैं जो कि करीब भारत के राज्यों के जंगलों से प्राप्त देश की आय का आधा हिस्सा होता है।

बायोडायवर्सिटी का उपयोग अन्य क्षेत्रों में भी बहुत अधिक है जिससे लोग अपना जीवन में पूरा आनन्द हासिल करते हैं जो निम्न प्रकार हैः–

MUSICAL INSTRUMENTS:-

संगीत मानव जीवन का अभिन्न अंग है जो जीवन में तनाव रहित स्थिति पैदा करता है। हाल की खोज से यह पाया गया है कि संगीत सुनने से बहुत सारी बीमारियों विशेष कर मानसिक तनाव से छुटकारा मिलता है।

संगीत के यंत्र ''अकोस्टिक हार्ड उड'' से बनाये जाते है जो कलाकारों द्वारा इस्तेमाल किये जाते हैं।

HANDICRAFTED FURNITURES:-

बहुत लोग अपने घरों को, सोफा सेट, डाईनिंग टेबल और अन्य घरेलू फर्नीचर्स द्वारा सजाते हैं जो सुन्दर धारीदार सागवान की लकड़ी से बनाये जाते हैं। यह सागवान लकड़ी बहुत टिकाऊ होती है परन्तु आज के दिन में बहुत ही दामी होता है।

WOOD IN INDUSTRIES:-

सागवान की लकड़ी पेंटर्न या साँचा बनाने में प्रयुक्त होता है जो किसी भी फाऊन्ड्री में कास्टिंग के लिए इस्तेमाल किया जाता है। इस

लकड़ी में बहुत कम सिकुड़न होता है और इसमें आद्रता सोखने की क्षमता कम है।

OTHER COMMERCIAL VALUES:-

पेड़ों से प्राप्त टिम्बर का व्यापार आंत्रिक एवं बाह्य दोनों रूप में होता है जिसका व्यवसायिक मूल्य बहुत अधिक है। तेल, गम, डाई, आदि विभिन्न तरह के पेड़–पौधों से प्राप्त होता है जिसका व्यवसायिक मूल्य भी काफी है।

Biogeographic Classification of INDIA:-

बायोडायवर्सिटी के दृष्टिकोण से भारत विश्व का एक बहुत ही धनी देश माना जाता है। जलवायु, मिट्टी, टोपोग्राफी एवं बायोडायवर्सिटी के आधार पर भारत को 10 बायोज्योग्राफिकल जोन में बाँटा गया है जो निम्न प्रकार हैः–

(1) **हिमालय (Himalayas):-** यह देश की जमीन के 7.2 प्रतिशत हिस्से में फैला हुआ है। समूचा पर्वत श्रृखंला उत्तरी–पश्चिम से लेकर उत्तरी–पूर्वी भारत तक फैला हुआ है जिसके विभिन्न बायोमास एवं बायोटिक प्रांत हैं।

(2) **TRANS HIMALAYAS:-** यह तिब्बतियन प्लेटो का विस्तार है जिसकी ऊँचाईयाँ, ठंडे रेगिस्तान लद्दाख में हैं, (जम्मू एवं कश्मीर) तथा लाहुल स्पीती (हिमाचल प्रदेश) हैं जो देश की जमीन का 5.7 प्रतिशत हिस्सा है।

(3) **DESERT:-** इसके तहत गुजरात का नमकीन रेगिस्तान और राजस्थान का बालु वाही रेगिस्तान है जो 6.9 प्रतिशत देश की जमीन का हिस्सा है।

(4) **Semi-Arid:-** यह रेगिस्तान के मुहाना और डेकन प्लेटो के बीच का हिस्सा है जो आरावली पर्वत श्रेणी में आता है और देश की जमीन के 15.6 भाग में है।

(5) **WESTERN GHATS:-** इसके तहत पश्चिमी तट की पर्वत श्रृखंला और मैदानी इलाका जो ताप्ती नदी के दक्षिणी भाग में है, 5.8 प्रतिशत देश की जमीन के हिस्से में है।

(6) **DECCAN PENINSULA:-**यह दक्षिण एवं दक्षिण–मध्यवर्त्ती तट के बीच फैला हुआ है जहाँ मुख्यतः घना जंगल है। यह देश की जमीन के 4.3 प्रतिशत हिस्से में फैला हुआ है।

(7) **GANGETIC PLAIN:-** यह गंगा नदी के मैदानी इलाका में है जो देश की जमीन का 11 प्रतिशत भाग में फैला हुआ है।

(8) **NORTH EAST INDIA:-** यह मैदानी भाग एवं हिमालय पर्वत के तराई क्षेत्र है जो देश के उत्तरी पूर्व दिशा में है और देश की जमीन के 5.2 प्रतिशत भाग में फैला हुआ है।

(9) **ISLANDS:-** यह बंगाल की खाड़ी में स्थित अण्डमान और निकोबार द्विप समूह है।

(10) **COASTS:-** यह पूर्व एवं पश्चिम भाग में तटवर्त्ती इलाके में है जिसमें लक्षद्विप भी शामिल है। कुछ विवरणों में बायोमेस/ईकोसिस्टम दोनों को बहुत ही सामान्य वास स्थानों के साथ सम्मिलित किया गया है। सामान्य वास स्थान निम्नलिखित हैः–

- जंगल
- घास का मैदान
- आद्रतापूर्ण जमीन
- बगीचे (मैंग्रोवस)
- कोराल रिफस
- रेगिस्तान

BIODIVERSITY AT GLOBAL, NATIONAL AND LOCAL LEVELS:-

यह देखा गया कि उत्तरी भाग की वंशगत निर्भरता अनेक तरह की खेती में दक्षिण पर आधारित होती जा रही है। आस्ट्रेलिया, यूरोप और उत्तरी अमेरिका जैसे देश को मिलाकर अपने घरेलू जरूरतें पूरी करने के लिए पेड़–पौधों एवं जानवरों के विभिन्न जातियों की संख्या कुल 6 प्रतिशत से भी कम हिस्सा उनके पास है।

पश्चिम के लिए निम्नलिखित कारणों से 'घरेलू उत्पादित जाति' नाम की कोई चीज नहीं है।

- टमाटर, सेन्ट्रल अमेरिका की जाति है,
- ककड़ी वर्मा की जाति का है,
- प्याज और गाजर सेन्ट्रल एशिया की जाति के है,
- आलू अन्देश का और
- वीन लैटिन अमेरिकी जाति का है।

MODERN CONCEPT OF BIODIVERSITY:-

यह तर्क दिया जाता है कि बायोडायवर्सिटी को एक ग्लोबल स्त्रोत माना जाना चाहिए अथवा इसे मानव जाति का एक सामान्य धरोहर माना जाना चाहिए। यहाँ यह समझना चाहिए कि बायोलोजिकल सम्पत्ति चाहे देश के किसी भी भाग का हो चाहे ब्राजील के किसी भी भाग का हो उसे उसी देश विशेष की ही निजी सम्पति नहीं मानकर उसे सारे विश्व की सम्पति है, ऐसा समझना चाहिए। इस तरह समूचे वित्तीय प्रयास को गम्भीरता से देखना चाहिए और दक्षिणी देश, परम्परागत बायोडायवर्सिटी के संबंध में मेल–जोल करें।

औद्योगिक देशों की आर्थिक कारणों से यह मांग है कि वास्तव में और सम्भावना के तौर पर कच्चा माल की अनावरत आपूर्ति उनको मिले ताकि वे पेड़–पौधों की उगाही (उत्पादन) कर सकें तथा नई दवा की आपूर्ति हो और विस्तृत बायोटेक्नोलोजी उद्योग चले।

परन्तु अनेक विकासशील देश यह आवाज उठा रहे हैं कि मात्र उत्तरी भाग को लाभ पहुँचाने के लिए वन संपदा की गारन्टी सुनिश्चित करने के लिए क्यों अपने निजि क्षेत्र का विकास रोकें। अतः वे दलील देते हैं कि अपने क्षेत्र के बायोलोजिकल संसाधनों पर उनका अपना सार्वभोंमिक अधिकार है। इस तरह वे उत्तरी भाग से व्यापारिक संबंधों को सीमित रखना चाहते हैं और अपने ही निजी स्त्रोतों को विकसित कर देश को फायदा पहुँचाना चाहते हैं।

यू.एन.सी.ई.डी. की दूसरी कमेटी के लिए मलेशिया के एक प्रतिनिधि मण्डल ने साफ तौर पर यह कहा कि यह सहज ही कहा जा सकता है कि विकासशील देश जो ट्रोपिकल क्षेत्र में हैं वे दुनियाँ के बायोलोजिकल डायवर्सिटी के रक्षक हैं, और उनकी यह जिम्मेदारी बनती है कि वे इस उद्देश्य की प्राप्ति हेतु विस्तृत क्षेत्र को अपने अधीन रखें। इस तरह, ऐसा करने से वह विकासशील देश जिन्होंने हाल में विस्तृत क्षेत्र की औद्योगिक एवं आर्थिक विकास के लिए प्राकृतिक वन सम्पदा का उपयोग किया है उनको यह जानना होगा कि उनको विकासशील देशों के प्रति जिम्मेदारी निभानी चाहिए ताकि बायोलोजिकल डायवर्सिटी की रक्षा के एवज में जो जमीन हमेशा के लिए उपलब्ध की गई, उसके खर्च की क्षतिपूर्ति करें।

इस संबंध में मैं कह सकता हूँ कि ओपोरच्यूनिटी कोस्ट जो छोड़ दी गई, और 3.8 मिलियन देकर जमीन जो मलेशिया में स्थाई रूप से टिम्बर उत्पादन के लिए रखी गई थी, आज के दिन उसका मूल्य 17 मिलियन यू.एस. डॉलर आँका गया है और उसके अच्छी तरह से रख–रखाव के लिए एक अतिरिक्त वार्षिक बजट जो 5.6 मिलियन यू.एस. डॉलर है की जरूरत है।

बायोलोजिकल सम्पदा जिसे मानव जाति के सामान्य तौर पर, धरोहर समझा जाता है, उसका विरोध दक्षिण के बहुत सारे देश कर रहे हैं। वे उस प्राकृतिक सम्पदा पर स्वतंत्र रूप से किसी के द्वारा उपयोग नहीं चाहते जो उनके राष्ट्रीय अधिकार क्षेत्र में हैं।

इन देशों का कहना है कि उन वन सम्पदा के उपयोग का अधिकार उन्हें मिलना चाहिए यद्यपि अन्तर राष्ट्रीय समुदाय उनको सामूहिक हित के लिए उनका बचाव तथा रख–रखाव चाहते हैं।

INDIA AS A MEGA DIVERSITY NATION:-

भारत के पास प्रचुर मात्रा में बायोडायवर्सिटी है जो बहुत ही मूल्यवान एवं विभिन्न प्रकार की धरोहर है जिसको 10 वायोज्योग्रोफिकल जोन में बाँटा गया है जो पहले ही वर्णन किया गया है।

भारत के पास बहुत ही भिन्न प्रकार के जलवायु एवं टोपोग्राफिकल प्राकृतिक विशेषताएँ हैं। इसके द्वारा उच्च कोटि के इको सिस्टम का विकास हुआ है जिसमें जंगल, आद्रतापूर्ण जमीन, मरूभूमि, घास के मैदान, तटवर्त्ती इलाके एवं समुद्री इको सिस्टम आदि जिसमें प्रत्येक इको सिस्टम अद्‌भुत तरह के जातिगत जीव–जन्तु एवं पेड़–पौधे तथा प्रकृति सम्पदा से परिपूर्ण है। जंगल का क्षेत्र 63.73 मिलियन हेक्टर जिसमें 37.74 मिलियन हेक्टरस में घना जंगल है, 25.51 मिलियन हेक्टरस खुला जंगल है और 0.487 मिलियन हैक्टेयर्स में आम के बगीचे हैं।

इसके अलावा 16 बड़े जंगल समूह हैं जो निम्न प्रकार हैः–

- सदाबहार जंगल जो उत्तर–पूर्व से अल्पाईन के नजदीक तक है।
- हिमालय के अल्पाईन जंगल
- ट्रोपिकल क्षेत्र के सूखे गाछ–वृक्ष एवं ट्रोपिकल क्षेत्र की कांटेदार झाड़ियाँ मध्य भारत एवं पश्चिम भारत में पाये जाते हैं।

भारत में पाँच तरह के विशेष घास के मैदान हैं। घास के मैदानों के क्षय होने और कृषि कार्य के विस्तार होने के चलते ग्रेट इंडियन वस्टर और अन्य तरह के पक्षी के लिए खतरा पैदा हो गया।

WET LANDS:-

भारत में नमी वाली जमीन है जिसमें कई तरह की जमीन और तटवर्ती जमीन हैं जो 4.1 मिलियन हेक्टरस में फैले हुए हैं। इन क्षेत्रों में विभिन्न प्रकार के पेड़–पौधे और जंगली जानवर आदि पाये जाते हैं। भारत में 6500 दवा के जड़ी–बूटी वाले पेड़–पौधे पाये जाते हैं।

COAST LINE:-

भारत का तटवर्ती क्षेत्र 7500 कि.मी. में फैला हुआ है जबकि समुद्री इको सिस्टम 2.1 मिलियन वर्ग किलो मीटर में फैला हुआ है।

MANGROVES:-

भारत में दुनियाँ के सबसे विचित्र तरह के आम के बगीचे पाये जाते हैं जो गंगा महानदी गोदावरी, कृष्णा एवं कावेरी नदी के क्षेत्र तथा अण्डमान निकोबार द्विप समूह में पाये जाते हैं।

DESERTS:-

भारतीय मरूभूमि समूची जमीन के 2 प्रतिशत भाग में है जिसमें पश्चिमी राजस्थान के थार रेगिस्तान, कच्छ का नमकीन रेगिस्तान एवं जम्मू–कश्मीर और हिमाचल प्रदेश की ऊँची एवं ठंडी रेगिस्तान हैं।

सर्वे द्वारा प्राप्त नतीजे बताते हैं कि 46000 से ज्यादा कई जाति के पेड़–पौधे, 89451 से ज्यादा जंगली जानवर, 400000 कई जाति के जीव–जन्तु और 565 मइकोवियल जीव–जन्तु भारत में पाये जाते हैं। करीबन 33 प्रतिशत फ्लोरा देश में रिकार्ड किया गया जो उत्तर–पश्चिम हिमालायास एवं अण्डमान निकोबार द्वीप समूह में पायें जाते हैं।

AGRO BIODIVERSITY:-

हमारा देश कृषि प्रधान देश हे जो अग्रोडायवर्सिटी के ख्याल से बहुत ही सम्पन्न हें यहाँ अनेक जाति एवं परम्परागत तरीके से खेती करने वाले किसान हैं। करीब 384 फसल के पौधे भारत में उगाए जाते हैं। कुल 49 स्वदेशी गुरू एवं लघु किस्म की फसल हैं, "हिस्ट्री ऑफ एग्रीकलचर इन इंडिया" में ऐसी रिपोर्ट दिया गया है। भारत को

आठ (8) प्राईमरी सेन्टर में से एक ऐसा देश माना गया है जिसे खेती किये गए पौधों के उद्गम स्थान माना गया है तथा तरह–तरह के फसल का केन्द्र स्थान माना गया है, जहाँ 328 किस्म के धान हैं जो जंगली जाति के हैं, साथ ही विशेष तरह के दाल, सब्जी, फल और पेड़ पौधे हैं।

भारत के बहुत बड़े भोज्य पदार्थ के स्त्रोत और कृषि के 12 प्रकार के भोजन पदार्थ हैं। विशाल तीन लाख ऐसे नमूने हैं जो भारतीय जाति स्त्रोतों के हैं, खेती के लिए देश के "जेने बैंक" में लम्बे समय तक रखे गए हैं वे खेती के लायक नहीं रह गए हैं।

राष्ट्रीय ब्यूरो ऑफ प्लांट जेनेटिक स्त्रोत के पास 159080 किस्म के और 10708 जर्म–प्लाजम का कलैक्शन है। देश का अधिकतर एग्रो–बायोडायवर्सिटी बड़े–बड़े फार्म समुदायों तथा आदिवासियों के पास है जो परम्परा से ही खेती–बारी के तौर तरीके अपनाये हुए हैं। लेकिन वर्त्तमान समय में, ग्रामीण खेती–बारी के तौर तरीके बदल रहे हैं जो अर्थात् ग्रामीण स्तर कार्यकर्त्ता संचालित करते हैं। ये सरकार द्वारा नियुक्त किये जाते हैं। उनको आधुनिक कृषि विज्ञान का प्रशिक्षण दिया जाता है। इसलिये ये लोग किसानों को सही निर्देशन दे पाते हैं विशेषकर 'समय' के बारे में कि किस समय कौन सा बीज जमीन/खेती में बोया जाना चाहिए।

जेनेटिक डायवर्सिटी के तहत देसी बीज की जातियाँ हैं और लैंडरेस के तहत पश्चिमी घाट, उत्तरी–पूर्वी हिमालय पर्वतीय क्षेत्र, दक्षिण का पठारी इलाका, सेन्ट्रल भारत और उत्तर–पूर्व हिमालय हैं।

DOMISTICATED LIVE AND POULTRY:-

इसके अन्तरगत 27 ब्रीड मवेशी के 8 ब्रीड भैंस के, 42 से ज्यादा ब्रीड भेड़ के, 20 ब्रीड बकरी के, 7 ब्रीड ऊँट के, 8 ब्रीड घोड़े के और कुछ प्रकार के सूअर हैं। 30 मामाल और पक्षियों के अलग–अलग जातियों ज्यादातर उपयोग में आते हैं।

140 किस्म के जीवों में से बहुत फार्म तथा पोल्ट्री के खतरे में हैं। खतरे की घँटियाँ बज रही हैं क्योंकि व्यापक रूप से फैलाने वाली संक्रामक बीमारियाँ इन संकुचित जेनेटिक आधारों पर ज्यादा फैलने की सम्भावना रहती है।

पश्चिमी राजस्थान के वैष्णवी जन जाति समुदाय जिन्होंने वॉलीवुड एक्टर सलमान खान से शिकायत की थी कि उसने सिंकारा (जो जीवन के खतरे में पड़ी जाति में से है) का बध किया था। उन्होंने शिकायत इसलिए की चूँकि वे बायोडायवर्सिटी को बचाकर रखना चाहते हैं।

HOT SPOT OF BIODIVESITY:-

25 बायोडायवर्सिटी हॉट स्पॉट हैं उनमें से 2 भारत में हैं। वे ये हैं:–

- पश्चिमी घाट/श्रीलंका और
- इन्डो–वर्मा क्षेत्र, जो पूर्वी हिमालय पर्वत श्रेणी में पड़ता है।

ये हॉट–स्पॉट भारत के सीमावर्त्ती क्षेत्र और भारत के पड़ोसी देशों के हिस्से हैं जो 8 सबसे ज्यादा महत्त्वपूर्ण हॉट स्पॉट में से हैं।

14 इको रिजनस हैं जो पूरी तरह से या आंशिक रूप से भारत के अन्दर हैं। उदाहरण के लिए कि 200 विभिन्न तरह के ईको सिस्टम जो दुनियाँ में हैं उनमें से निम्नलिखित शामिल हैं:–

- छोटा नागपुर के सूखे जंगल
- पूर्वी दक्षिण प्लेटों के जल–वाष्प जंगल
- पूर्व हिमालय पर्वत श्रेणी के अल्पाइन मैदान
- पूर्वी हिमालायान बोर्ड लीफ एण्ड कोनिफर जंगल
- इन्दु नदी डेल्टा
- लक्ष्यद्वीप अटोल्स

- नागा मनीपुरी चिन पर्वतमाला के आद्रता युक्त जंगल।
- दक्षिण पश्चिमी घाट के आद्रता युक्त जंगल
- सुन्दर वन बगीचे
- पश्चिमी हिमालायान गर्म जंगल

इस तरह पूरे इको क्षेत्र का 6 प्रतिशत भाग भारत में है। इस बायोलोजिकल डायवर्सिटी का प्रकटीकरण मनुष्यों के विभिन्न संस्कृति में होता है। इसलिए मनुष्यों का अस्तित्व सतत् रूप से बायोलोजिकल डायवर्सिटी के रख–रखाव पर निर्भर करता हैं।

CONSERVATION OF BIODIVERSITY:-

भारत में बायोडायवर्सिटी बचाने के लिए परम्परागत प्रथा है जो बहुत ही विश्वसनीय है। बायोडायवर्सिटी बचाने और परम्परागत ज्ञान दोनों स्थानीय क्षेत्रों से और भारत के पुराने परम्परागत कृषि कार्य में सीधे तौर पर देश के अग्रो–डायवर्सिटी के कायम रहने के लिए जिम्मेदार हैं।

भारत ने अपने बायोडायवर्सिटी बचाने में सफलता पूर्वक कार्य नहीं किया। देश के 41 प्रतिशत जंगल क्षेत्र अनेक तरह से क्षतिग्रस्त अवस्था में हैं और देश ने कृषि एवं मवेशियों के नस्ल के विकास में उपलब्ध जेने–पूल का सही इस्तेमाल नहीं करने के कारण खाद्य पदार्थ की कमी का खतरा पैदा हो गया। भारत में दुनियाँ का सबसे ज्यादा बायोडायवर्सिटी है परन्तु भारत दन सारी सम्पदाएँ खो देने की स्थिति में है यदि वह उन्हें बचाने की दिशा में कोई कारगर कदम नहीं उठाता है।

THREATS TO BIODIVERSITY:-

भारत के संविधान के डायरेकटिक्लस प्रिंसिपल्स ऑफ स्टेट पॉलिसी की दफा 48–। एवं 51–के तहत् राज्य सरकार को यह निर्देश दिया गया है कि पर्यावरण की रक्षा एवं विकास के लिए प्रयास

करें तथा जंगल की रक्षा करें और जंगली जानवरों की जिन्दगी बचाने का उपाय करें। ऐसा करके देश के पर्यावरण की सुरक्षा एवं विकास अर्थात जंगल, झील, नदी, एवं जंगली जानवरों की सुरक्षा एवं बचाव कार्य में तत्परता दर्शाये। 1992 के रिओ सम्मेलन के बाद, उपर्युक्त पर ध्यान देने के लिए जोर दिया गया है जिसके लिए कारगर प्रोग्राम एवं नीति निर्धारण कर उसका सहारा लें।

भारत, बायोलोजिकल डायवर्सिटी पर जो सम्मेलन हुआ उसका एक अंग बन गया जिसके तीन (3) आवश्यक एवं महत्त्वपूर्ण क्षेत्र हैं:–

1. बायोडायवर्सिटी का बचाव कार्य
2. स्थाईत्व को बरकरार रखते हुए बायोलाजिकल स्त्रोतों का उपयोग करना और
3. स्थाईत्व बरकरार रखते हुए बायोलाजिकल श्रोतों के उपयोग से होने वाले लाभ का वितरण न्यायोचित ढंग से करना।

बायोलोजिकल डायवर्सिटी सम्मेलन (CBD) भारत को एक मौका प्रदान करता है कि वह अपने बेशुमार उपलब्ध बायोडायवर्सिटी एवं इससे संबंधित परम्परागत ज्ञान को कायम रखे।

यह सच है कि कई तरह के सुरक्षा, बचाव और बायोडायवर्सिटी के स्थाईत्व को बरकरार रखते हुए उसका उपयोग करने के बावजूद कई जाति के जीव जन्तु, पेड़–पौधे और ईको सिस्टम बहुत ही हानिकारक ढंग से उनके अस्तित्व को खतरा का सामना करना पड़ा है।

भारत ने अपने बेशुमार रूप से प्राप्त बायोडायवर्सिटी के बचाव का सही–सही कदम नहीं उठाया जबकि दुनियाँ में सबसे ज्यादा भिन्नता पायी जाती है। देश के 41 प्रतिशत जंगल क्षेत्र अनेक तरह से क्षतिग्रस्त हो गए, और देश अपने प्रचुर मात्रा में उपलब्ध जेने–पूल का

केवल आंशिक उपयोग, कृषि कार्य में, और मवेशी नस्ल विकास में किया, जिससे खाद्य पदार्थ की सुरक्षा खतरे में पड़ गई जैसे कि नैशनल बायोडायवर्सिटी ऐक्शन प्लान के ड्राफ्ट से पता चलता है। भारत के पास वृहद जेने स्त्रोत हैं जो खाद्यान और कृषि के लिए करीब 12 प्रकार के भोजन वस्तु 300000 से भी ज्यादा किसानों के पास लम्बे समय रखे गए ''जेने बैंक'' के नमूने हैं जो खेती के लायक नहीं रहे। ऐसा इसलिए होता है जब लोग स्थानीय (या देशी) ब्रीडस को वंशगत दृष्टिकोण से ज्यादा सुरक्षित तथा जलवायु के अनुकूल समझे जाते हैं। प्रजनन के दृष्टिकोण से भी जलवायु के अनुकूल समझे जाते हैं। स्थानीय ब्रीडस के ज्यादा से ज्यादा उपयोग से भोजन और न्यूट्रीशन प्राप्त होते हैं ऐसी लोगों की धारणा बन गई है।

मवेशी के संबंध में, 30 मामालस और पक्षी की जाति का उपयोग हुआ है लेकिन 15 अर्थात् 90 प्रतिशत समूचे उपलब्ध मवेशी उत्पादन का हिस्सा माना गया है। 140 देशी ब्रीड में से अनेक जो फार्म एवं पोल्ट्री ब्रीड के हैं वे अस्तित्व के खतरे में हैं। खतरे की घंटी बज रही है क्योंकि संकुचित या सीमित जेनेटिक आधार का अर्थ होता है विस्तृत रूप से संक्रामक बीमारी के शिकार होने की सम्भावना।

"INDIA'S WEALTH":-

भारत के पास निम्नलिखित बायोडायवर्सिटी रूपी धन हैः–

- 46000 पेड़–पौधे की जाति है
- 89000 जंगली जानवर की जाति है।
- 400000 जाति के और 565 जाति के मईक्रोबायल हैं।
- सिर्फ 2.4 प्रतिशत जमीन क्षेत्र में दुनियाँ के 7.8 प्रतिशत रेकार्ड की गई, जातियाँ हैं। भारत को उन 8 प्राइंमरी सेन्टर में से एक माना गया है जहाँ परम्परागत मूल रूप से फसल की भिन्नता वाला देश माना गया है जिसमें 320 जंगली

जाति के धान, और अनेक दाल, सब्जी, फल और फाइबर शामिल हैं।

पर्यावरण पदूषण (Environmental Pollution):—

प्रदूषण शब्द आज देश की सीमाएँ लाँघ चुका है और इसका ताल्लुक न केवल भारत से है परन्तु इसका असर विश्व के सभी देश पर पड़ रहा है, चाहे वह विकसित देश हो या विकासशील देश हो।

पर्यावरण सुरक्षा कानून 1986 यह दर्शाता है कि वायु, जल, जमीन और मनुष्य के साथ उसका परस्परिक संबंध तथा अन्य जीव–जन्तुओं, पेड़–पौधे, कीड़े–मकोड़े तथा माईक्रो–ओरगानिजम्स के साथ भी इसके संबंध को निश्चित करता है।

पर्यावरण प्रदूषण में ऐसे दूषित अवयव होते हैं जो जल, वायु और जमीन में पाये जाते हैं जो मनुष्य के कार्यकलाप से अथवा प्राकृतिक रूप से फैलाया जाता है जिसका असर मानव और पर्यावरण पर प्रतिकूल रूप से पड़ता है। प्रदूषण का वर्गीकरण निम्न प्रकार हैः–

- वायु प्रदूषण
- आवाज प्रदूषण
- जल प्रदूषण
- जमीन या मृतिका प्रदूषण
- समुद्री प्रदूषण
- थर्मल प्रदूषण एवं
- न्यूक्लीयर विपत्तियाँ।

वायु प्रदूषणः– वायु प्रदूषण पर्यावरण की वह स्थिति है जिसमें बाहरी वातावरण में दूषित गैस का मिश्रण एवं हवा में तैरते हुए धूल–गर्द होते हैं जो स्वास्थ्य के लिए हानिकारक होते हैं।

निम्नलिखित एजेंट्स हवा प्रदूषण के लिए जिम्मेदार होते हैः–

INDUSTRY:- देश का आर्थिक विकास उद्योग से जुड़ा हुआ है। उद्योग ईकाई को कच्चे माल की जरूरत पड़ती है जो कि प्राकृतिक संसाधन अर्थात् माईन्स से उत्खनन द्वारा प्राप्त होते हैं जैसे– लोहा, कोयला, दोलोमाईट आदि। जब माईन्स में ब्लास्टिंग किया जाता है तब धूल–गर्द हवा में मिलते हैं और पर्यावरण को दूषित करते हैं।

औद्योगिक कारखाने के चिमनी से निकलने वाले धुँए जिसमें कार्बनडायोआक्साईड, कार्बन मोनोक्साईड, सल्फरडायोक्साईड, नाईट्रोजन ऑक्साइड, हाईड्रो कार्बन एवं जहरीले गैस, पर्यावरण या वायुमण्डल में फैल जाते हैं जिसका बुरा असर मनुष्यों और अन्य जीव–जन्तुओं पर पड़ता है। कोल इंडिया के वरिष्ठ अधिकारियों के सम्मेलन से, जो राँची में हुए, यह पता चलता है कि अधिकत्तर कामगार जो माईनिंग कार्य में लिप्त हैं, वे तपेदिक बीमारी से ग्रसित होते हैं।

भोपाल स्थित, यूनियन कार्बाइड कारखाना से बहुत ही जहरीली गैस रिसाव से हजारों लोग मर गए, बहुत से लोग अँधे और विकलांग हो गए। इस आपदा से भारत सरकार की आँखें खुली और पर्यावरण सुरक्षा कानून 1986 पास हुआ।

DOMESTIC SOURCES:- भारत में जन–संख्या विस्फोट वायु प्रदूषण का दूसरा महत्त्वपूर्ण कारण है। भारत की कुल आबादी का करीब 60 प्रतिशत आबादी अपना खाना बनाने के लिए जलावन लकड़ी, कोयला एवं बायोमास आदि ऊर्जा का इस्तेमाल करते हैं। इन ऊर्जा स्रोतों के जलाने से भारी मात्रा में धुँआ पैदा होता है और वह वायुमण्डल में फैल जाता है। एल.पी.जी. (LPG) के इस्तेमाल से पर्यावरण प्रदूषण कम होता है क्योंकि यह ज्यादा स्वच्छ एवं अधिक प्रभावशाली होता है।

इसके अलावा, आबादी के शहरीय क्षेत्र में स्थानान्त्रण करने से ऊर्जा खपत बढ़ जाती है एवं अव्यवस्थित विकास से भी वायु प्रदूषण में वृद्धि होने लगती है।

ROAD TRANSPORT:- सड़क मार्ग का आवागमन एक बहुत बड़ा चुनौतीपूर्ण कार्य है जिसमें एक विशाल जन समूह को सम्भालना पड़ता है। इसके फलस्वरूप वाहनों की संख्या जो 1986 में 10.6 मिलियन थी वह बढ़ कर 2004 में 72.7 मिलियन हो चुका है। जिसमें भारत में वाहनों की संख्या में 7 गुणा बढ़ोतरी हुई है।

दो, तीन और चार पहियों वाली वाहनों की संख्या में जबरदस्त वृद्धि हुई है जो कि पेट्रोल एवं डीजल से चलती हैं। उसी तरह ट्रकों एवं बसों की संख्या में भी काफी वृद्धि है। बड़े–बड़े मेट्रोपोलिटन शहरों में ट्रैफिक जाम आज आम बात हो गयी है। जाम की अवस्था में वाहनों को स्थिर रखकर इंजन चलता रहता है जिससे दूषित धुँये का फैलना बढ़ जाता है।

वाहनों के द्वारा प्रदूषण का फैलाव दिल्ली में सबसे ज्यादा है। बॉम्बे, बंगलोर, कलकत्ता एवं अहमदाबाद में दिल्ली की तुलना में कम पाया गया है। इसके अलावा, कि शहरीय क्षेत्रों में वाहनों के ज्यादा केन्द्रित होने की वजह से वहाँ का वातावरण दूषित रहता है क्योंकि वहाँ वाहनों के विभिन्न प्रकार के इंजिन की स्थिति, ट्रैफिक जाम, जर्जर अवस्था की सड़क, पुराने तकनीकी युक्त वाहनों और ट्रैफिक व्यवस्था सही नहीं रहती है।

THERMAL POWER PLANTS:- पूरे ऊर्जा उत्पादन का करीब 74 प्रतिशत ऊर्जा थर्मल पावर से प्राप्त होता है जो कि कोयला उपयोग से मिलता है। कोयला जलने से बड़ी मात्रा में राख हवा में उड़ती है जो वायु प्रदूषण को बढ़ाती है। फिर भी ऐसी तकनीक विकसित की गई है जिससे हवा में उड़ने वाली राख से कार्बन वृक

(ईंट) बनाया जाता है जो कनस्ट्रक्शन या निर्माण कार्य में इस्तेमाल किया जाता है।

ASHES TO FLY NO MORE:- पर्यावरण एवं वन मंत्रालय द्वारा 2003 में सुप्रीम कोर्ट के निर्देशानुसार एक अधिसूचना जारी की गई, जिसके तहत यह आवश्यक हो गया कि हवा में उड़ने वाली राख का सदुपयोग नदी के किनारा मजबूत बनाने, नये सड़क बिछाने में करना चाहिए, यदि थर्मल पावर प्लांट 100 मीटर दायरे के अन्दर स्थापित हो।

झारखण्ड सरकार ने पतरातू थर्मल पावर प्लान्ट के साथ समझौता किया है कि थर्मल पावर प्लांट के प्रांगण से राख उठाकर प्रस्तावित 85 किलोमीटर रिंग–रोड के किनारे मजबूत करने के लिए 9 लाख क्यूविक मीटर राख की मांग की है।

AIR (PREVENTION AND CONTROL OF POLLUTION) Act 1981:-

यह कानून, वायु प्रदूषण नियंत्रण, एवं रोकथाम के लिए बना है। यह कानून वायु प्रदूषण रोकने, प्रदूषण फैलाने वाले ऊर्जा तथा अन्य प्रकार की सामग्री इस्तेमाल न करने के लिए है। साथ ही साथ प्रदूषण फैलाने वाले साधनों का उपयोग न करने का निर्देश देता है।

अप्रैल 1994 में केन्द्रीय प्रदूषण नियंत्रण बोर्ड ने यह अधिसूचना जारी किया कि ज्यादा से ज्यादा प्रदूषण फैलाने वालों को नैशनल अम्वीयेन्ट एयर क्वालिटी स्टैंडर्ड निभाना होगा। नैशनल अम्वीयेन्ट एयर क्वालिटी स्टैंडर्ड (NAAQS) जो प्रस्तावित है वह उद्योग, आवासीय, ग्रामीण एवं अन्य संवेदनशील स्थानों के लिए प्रस्तावित मानक निश्चित करता है।

यह कानून, लोहे एवं स्टील प्लान्ट, सीमेन्ट प्लान्ट, फर्टिलाईजर (उर्वरक) प्लान्ट, तेल विशोधन कारखाना तथा अल्यूमीनियम कारखाना के लिए भी रिसाव मानक (Emission standard) निश्चित करता है।

The air (Prevention and control of pollution) Amendment Act 1987, केन्द्रीय और राज्य सरकारों को प्रदूषण नियंत्रण के लिए सशक्त करने के लिये बनाया गया, ताकि भारी से भारी आपदा का सामना किया जा सके। इस तरह से बोर्ड को यह अधिकार दिया गया कि आकस्मिक आपदा का सामना करने के लिए तत्काल कारवाई करें तथा अपराधियों से वांछित क्षति पूर्ति हासिल करें।

अप्रैल 1999 में सुप्रीम कोर्ट ने यूरो 1 और यूरो 2 रिसाव (Emission) के कठोर नियम दिल्ली के लिए अधिसूचना जारी की। उस अधिसूचना को कानूनी रूप से आवश्यक बनाया गया, ताकि नये नन कमीर्शियल कार बनाने वाली कम्पनियों को यूरो नोर्मस 1 एवं 2 का अनुपालन करना होगा।

रिसाव मानक का उलंघन करने वालों के विरूद्ध शक्ति से पेश आने के लिए एक केन्द्रीय ऐक्शन प्लान 1992 का एलान किया गया।

आठ ऐसे उद्योगों को चिन्हित किया गया जो कि बहुत ही ज्यादा प्रदूषण फैलाने वाली हैं। उनको पर्यावरण के दृष्टिकोण से संवेदनशील क्षेत्रों में स्थापित नहीं होने दिया जाएगा। ऐसे उद्योग निम्नलिखित हैं:—

1. सीमेन्ट प्लान्ट
2. थर्मल पावर प्लान्ट
3. आयरन एवं स्टील प्लान्ट
4. फर्टिलाइजर प्लान्ट
5. जिंक प्लान्ट
6. ताम्बा का प्लान्ट
7. अल्यूमोनियम स्मेलटर और
8. तेल शोधक कारखाने।

ऐक्शन प्लान के तहत् पर्यावरण की दृष्टिकोण से प्रस्तावित मानकों के सख्त अनुपालन और औद्योगिक संस्थाओं के लिए कम से कम निर्धारित राष्ट्रीय मानक को निश्चित समय के भीतर बरकरार रखा जाना चाहिए।

VEHICULAR POLLUTION:- वाहनों से होने वाले प्रदूषण रोकने के लिए जो कानून बना है उसका संशोधन समय–समय पर होना चाहिए, ताकि वाहनों एवं तेल की गुणवत्ता के मद्देनजर प्रदूषण नियंत्रण हो सके।

केन्द्रीय सरकार का सरफेस ट्रांसपोर्ट (MOST) अथवा राज्य ट्रांसपोर्ट कमिश्नर को यह जिम्मेदारी सौंपी गई है वह है, वाहनों से निकलने वाले दूषित धुँआ का मानक के अनूकूल लागू कराना एवं सुनिश्चित करना।

सीसा रहित पेट्रोल भारत में 1995 में शुरू किया गया ताकि सीसा से होने वाले प्रदूषण रोका को जाए और नये वाहनों में विशेष तरह का प्रदूषण नियंत्रक पार्ट लगवाया गया।

सुप्रीम कोर्ट के आदेशानुसार राजधानी नई दिल्ली में सी.एन.जी. (CNG) चलित वाहनों के दिल्ली के सड़कों पर दौड़ने की इजाजत दी गई।

NOISE POLLUTION:- वांछित गीत की आवाज धीमी लय में सुनना सब को अच्छा लगता है लेकिन ऊँची ध्वनि का गीत कानों की झिल्ली उड़ाने वाली होता है जो बहुत ही पीड़ा दायक होता है। ध्वनि के माप दण्ड डेसिबल (decibel) में होता है जो निम्नलिखित हैः–

- 20 डी.बी. फुस–फुसाना कहा जाता है।
- 60 डी.बी. सामान्य बात–चीत
- 100 डी.बी. दौड़ती रेलगाड़ी में बातचीत

- 120 डी.बी. को बिजली का कड़क (Thunder)
- 140 डी.बी. असहाय एवं उत्पीड़क कहा गया।

यह पाया गया है कि बहुत सारे कारखानों के अन्दर ध्वनि 100 डी.बी. से ज्यादा है। एक हवाई जहाज 150 डी.बी. ध्वनि उत्पन्न करता है। फ्रांस द्वारा विकसित वायुयान जो सुपरसोनिक जेट कोंकड़े, इतना जोर आवाज करता है कि एयरपोर्ट की नजदीकी ईमारतें भी कम्पित हो जाती हैं।

आप का गुस्सा शायद उनकी ध्वनि से संबंधित न भी हो परन्तु व्यक्तिगत भावना एक महत्त्वपूर्ण एवं प्रभावशाली चीज है। बहुतों को ऊँची आवाज से गीत सुनना अच्छा लगता है परन्तु दूसरा आदमी धीमी आवाज भी पसन्द नहीं करता है। एसी स्थिति में ध्वनि प्रदूषण व्यक्तिगत रूचि की बात हो जाती है।

WHO (World Health Organisation) के द्वारा अनुमानित 45 db noise level and section 3 of the NOISE Regulation Rules 2000 under the Environment protection Act 1986.

ध्वनि स्तर निम्न प्रकार से होना चाहिएः–

- उद्योग के लिए 75 डी.बी.
- व्यवसाय के लिए 55 डी.बी.
- आवासीय के लिए 55 डी.बी.

परन्तु अधिकारियों के द्वारा इसे लागू करने में लापरवाही की जा रही है।

EFFECT OF NOISE POLLUTION:- ध्वनि प्रदूषण का प्रभाव शारीरिक एवं व्यवहारिक रूप से मनुष्यों पर प्रतिकूल पड़ता है। यह पाया गया है कि ध्वनि की स्थिति से कामगारों की क्षमता घट जाती है और वे गलती कर बैठते हैं।

मानसिक रूप से प्रभाव पड़ने पर तनाव बढ़ जाता है एवं बातचीत में भी बुरा असर पड़ता है। शारीरिक प्रभाव से बहरापन भी हो सकता

है। यह भी पाया गया है कि अगर एक आदमी 100 डी.बी. ध्वनि में काम करता रहता है या जेट एयर क्राफ्ट के नजदीक रहता है तो उसका बहरा होना निश्चित है। चिकित्सकों का कहना है कि पटाखे एवं लगातार विस्फोटक ध्वनि से उनको पेट का अल्सर तथा स्वांस–प्रस्वांस की बीमारी हो सकती है।

URBAN NOISE IS KILLING THOUSANDS:- WHO द्वारा खोज के अनुसार यह पाया गया कि इंगलैंड और सारी दुनियाँ में हजारों लोग हृदय रोग से अकाल मृत्यु को प्राप्त कर चुके हैं जो सतत् ध्वनि प्रदूषण के प्रभाव से ग्रसित हुए। 2006 में केवल इंगलैंड में ही 101000 लोग कोरोनरी हृदय रोग से पीड़ित होकर मरे, और यह अध्ययन बताता है कि उसमें से 3030 लोगों की मृत्यु सतत् ध्वनि एवं दिन भर के ट्रैफिक प्रदूषण से हुई है।

WHO का कार्यरत ग्रुप जो कि ध्वनि प्रदूषण एवं उसके द्वारा ग्रसित रोगों का स्वास्थ्य पर पड़ने वाले प्रभाव का काम यूरोप में 2003 में शुरू किया। हृदय रोग के अलावा यह भी पाया गया कि यूरोप के 02 प्रतिशत लोग ध्वनि–प्रदूषण से अनिन्द्रा के शिकार हो चुके हैं और 15 प्रतिशत लोग गुस्सा एवं चिड़चिड़ापन के शिकार हैं।

CHRONIC EXPOSURE TO LOUD TRAFFIC NOISE अर्थात् हमेशा ट्राफिक शोरगुल 3 प्रतिशत टिनिटस केस उत्पन्न करता है जिसे लोग लगातार अपने कानों से सुनते रहते हैं। शोध कार्य (Research) द्वारा यह सार्वजनिक किया गया कि कोटिसोल, अदेर्नालाइन और नोरअड्रेनालिन स्ट्रेस हार्मोन के स्तर ऊँचे होने के प्रमाण हैं जो मानव शरीर में शोर–गुल के कारण सुसुप्त अवस्था में भी होता है। जितने देर तक ये हार्मोन शरीर में पुनरावृत होते हैं और खून में संचारित होते रहते हैं, उतने ही ज्यादा ये जीवन के लिए खतरा शाबित होते हैं और शारीरिक विपत्तियाँ उत्पन्न करती हैं। ऊच्च स्तरीय हारमोन हृदय की गति रूक जाने के कारण हो सकते है,

स्ट्रोक के कारण हो सकते है और ऊच्च रक्तचाप के भी कारण हो सकते हैं जो लाईलाज समस्यायें उत्पन्न करती हैं। विश्व स्वास्थ्य संस्था (WHO) के निर्देशानुसार कि शोर–शराबा कार्डियो मस्कुलर समस्याएँ उत्पन्न करता है जो रात के समय में कोणिक तौर पर 50 डी.बी. से भी अधिक रहती है जब कम ट्रैफिक शोर–गुल रहता है। अनिन्द्रा की अवस्था में थ्रेसहोल्ड 42 डी.बी. रहता है, जबकि सामान्य मानसिक चिड़चिड़ापन की अवस्था में यह 35 डी.बी. रहता है।

SOURCE OF NOISE:- शोर–गुल के स्रोत औद्योगिक कारखाने, सड़क ट्रैफिक, हवाई जहाज, रेल–गाड़ी, उत्खनन कार्य–कलाप, निर्माण कार्य और लाउड स्पीकर या चोंगा, हैं।

CONTROL OF NOISE POLLUTION:- ध्वनि प्रदूषण निम्न प्रकार से नियंत्रित किया जा सकता है :–

- अच्छे किस्म के ध्वनि अवरोध संयंत्र का डिजाईन करके।
- ध्वनि रहित जोन बनाना, जैसे कि अस्पताल, शैक्षणिक संस्थान आदि।
- कानूनी फ्रेमवर्क या ढ़ाँचा बनाना।

नोटः– भारतीय कानून व्यवस्था में कोई भी ऐसा कानूनी सिस्टम नहीं है जो केवल ध्वनि निषेध के लिए हो। फिर जो ऐसे –ऐसे प्रावधान अन्य कानूनों के तहत हैं जो ध्वनि प्रदूषण पर नियंत्रण करते है, वे निम्नलिखित हैंः–

भारतीय दण्ड संहिता 1860 (सेक्सन 268) में किसी भी व्यक्ति पर, जो शोर–गुल का कारण ठहरता है और जनसाधारण को तकलीफ पहुँचाता है, सजा देने की कार्रवाई की जा सकती है। इस प्रकार की हरकतों के विरूद्ध में स्वभाविक तौर पर सजा का प्रावधान रखा गया है। इसलिए भारतीय दण्ड संहित्ता, हरकतों के केस में, निषेधात्मक नहीं है।

POLICE ACT OF 1861

उपर्युक्त कानून के अनुसार, आम सड़कों पर पुलिस प्रशासन को प्रोसेसन का नियंत्रक या अनुमति प्रदान करने का अधिकार दिया गया है। राज्य सरकारें जैसे पश्चिम बंगाल और उड़ीसा, 10 बजे रात्रि के बाद शादी प्रोसेसन या फटाखा आदि बजाना बिल्कुल निषेध करते हैं। 12 बजे रात्रि के बाद लाउड–स्पीकर बजाना कलकत्ते में दीवाली, दूर्गा पूजा के अवसर पर भी मना है।

AIR CRAFT ACT OF 1934

इस कानून में ध्वनि नियंत्रण संबंधी कोई भी नियम नहीं है, परन्तु सरकार ध्वनि नियंत्रण नियम जन साधारण के स्वास्थ्य की रक्षा के लिये इस एयर क्राफ्ट ऐक्ट 1946 के तहत् बना सकती है।

MOTOR VEHICLE ACT OF 1939

1988 के कानून के तहत् और सेन्ट्रल मोटर व्हीक्ल रूल्स 1989, के तहत् ध्वनि प्रदूषण मानक के उल्लंघन करने पर सजा का प्रावधान है। सजा के साथ पहला अपराध के लिए सजा के साथ एक हजार रूपये जुर्माना का प्रावधान है, और किसी दूसरी गलती (अपराध) के लिए दो हजार रूपये जुर्माना का प्रावधान है।

FACTORY ACT OF 1948

इस कानून के अनुसार कारखाने में ध्वनि नियंत्रण का कोई कानूनी प्रावधान नहीं है। परन्तु, ध्वनि के चलते होने वाले किसी भी तरह की हरकत जो ध्वनि से संबंधित हो उससे सुरक्षा का प्रावधान है।

ENVIRONMENT PROTECTION ACT (EPA) 1986

EPA 1986 के तहत् Sec – 6 में केन्द्रीय सरकार को यह अधिकार प्राप्त है कि वह गजेट में यह सूचना निर्गत करे कि पर्यावरण प्रदूषण केन्द्रित होने की अधिकतम सीमा विभिन्न क्षेत्रों के लिए निश्चित करें।

The NOISE POLLUTION (Regulation and control) RULES, 2000

सार्वजनिक स्थानों में ध्वनि प्रदूषण का स्तर बढ़ता जा रहा है। यह ध्वनि अनेक स्रोतों से आती है जैसे :– औद्योगिक कार्य कलाप, निर्माण कार्य जेनेरेटर सेट्स, पब्लिक सम्बोधन प्रणाली म्यूजिक सिस्टम, वाहनों के हॉर्न और अन्य मैकेनिकल यंत्रों से निकलने वाली ध्वनि मनुष्यों के स्वास्थ्य पर बुरा प्रभाव डालता है तथा मानसिक स्वास्थ्य पर भी प्रतिकूल रूप से प्रभाव डालती है। ध्वनि प्रदूषण को रोकना और नियंत्रण करना अति आवश्यक हो गया है। ध्वनि के संबंध में वायु गुणवत्ता मानक को बनाये रखने के लिए यह आवश्यक समझा जा रहा है कि ध्वनि प्रदूषण को रोका जाये या नियंत्रित किया जाए, जिसके लिए यह आवश्यक है कि संसाधनों का सदुपयोग किया जाए। जमीन के सतह के पानी तथा जमीन की सतह से नीचे के पानी मानव कार्य कलाप से अशुद्ध किये जाते हैं यह एक बहुत ही गम्भीर मामला है जो ध्यान देने योग्य बात है।

SOURCES OF WATER POLLUTION

जल प्रदूषण के प्रमुख स्रोत निम्नलिखित हैं:–

Industry:- औद्योगिक कारखाने

कल–कारखाने से बहकर निकलने वाले दूषित जल या कचड़ा आदि को जो नजदीक के नदियों के किनारे फेंके जाते हैं, उनसे उसका पानी दूषित हो जाता है। हमारे पवित्र नदी जैसे – गंगा और यमुना नदी आज सबसे ज्यादा प्रदूषित है, जो कि सफाई अभियान चलाया जा रहा है। कूड़े–कचड़ों के ढेर के अलावा मनुष्यों के मृत शरीर या लाश भी गंगा नदी में फैकी जाती है। इसके पीछे लोगों का विश्वास है कि उन शरीरों से अलग हुई आत्मा–मोक्ष प्राप्त करती है जब गंगा में फैकी जाती हैं। आइये इस अन्धविश्वास के विरूद्ध हम अपने आप से सवाल करें – क्या यह सच्च है ? शायद सच नहीं है।

आइये हम अपनी सोच बदलें और एक स्वच्छ पर्यावरण बनाने की ओर अपना विचार दौड़ाये।

हमारे राष्ट्र की राजधानी, दिल्ली कई स्थानों पर बहती गन्दगी का सामना करती है जिसमें कल–कारखाने से निकलने वाली गन्दगी आदि विशेषकर जहाँ यमुना नदी दिल्ली में घुसती है, दिल्ली सबसे ज्यादा यमुना नदी का पानी ही इस्तेमाल करती है।

प्रदूषण का दूसरा प्रमुख कारण है स्लम जो नदी किनारे कुकुरमुत्ता की तरह बढ़ रही है, चाहे गंगा का किनारा हो, यमुना का किनारा हो या अन्य कोई नदी किनारा।

Agricultural:- यह देखने में आता है कि जमीन के अन्दर का पानी दूषित इस कारण से होता है कि बड़े–बड़े फार्मस, कल–कारखाने और शहर के बसिन्दे जमीन के अन्दर के पानी को दूषित करते हैं। विशेषज्ञों का कहना है कि जमीन के अन्दर का पानी सतह के पानी से ज्यादा तेजी से प्रदूषित हो जाता है।

मुख्य रूप से नईट्रेटस, क्लोरीनेटेड कम्पाउण्डस, अर्सेनिक, फ्लोराईडस, रेडियोएक्टिव मटेरियल्स और पेस्टिसाईड फर्टिलाईजर, केमिकल पेट्रोकेमिकल इण्डसट्रीज, हैं जो प्रदूषण फैलाने वाले हैं।

पंडित नेहरू के समय 1990 में पंजाब में ग्रीन रेवेल्यूएशन का बहुत प्रभाव पड़ा जिसे पंजाब को भारत का रोटी का टोकरी नाम दिया गया। जहाँ यह पाया गया कि कुएँ के पानी में नाईट्रेट की मिलावट ज्यादा है। ग्रीन रेवेल्यूएशन में उपयोग किए गये रासायनिक उर्वरक के कारण जमीन के अन्दर के पानी में नाईट्रेट की मात्रा ज्यादा हुई है। पानी में पायी गयी नाईट्रेट की मात्रा अगर सीमित मात्रा से ज्यादा हो जाती तो ये छोटे बच्चों के मस्तिष्क को खराब करती है। इससे फसल उत्पादन और ईको सिस्टम एवं मत्स्य पालन में भी हानिकारक प्रभाव पड़ता है।

कीटनाशक दवाओं का प्रयोग 1960 से हुआ जो फसल की पैदावार को कीड़े–मकोड़ों से बचाने के लिए था। कीटनाशक दवाओं जैसे डी.डी.टी. का प्रभाव 30 साल बाद भी जमीन के अन्दर के पानी में पाया गया है। बिहार, बंगाल में डी.डी.टी. का प्रभाव जमीन के अन्दर के पानी में बहुत अधिक मात्रा में पाया गया है जो, कि सेन्ट्रल पोलूशन कन्ट्रोल बोर्ड (CPCB) द्वारा पाया गया। कीटनाशक दवाओं का प्रभाव मनुष्यों में बहुत ही गम्भीर रूप से पड़ता है जो कि कैंसर, रोगों से बचाव शक्ति का ह्रास एवं भ्रूण नाशक सिद्ध होता है।

आर्सेनिक और एक प्रदूषण उत्पन्न करने वाला जहरीला पदार्थ हैं जो कि पश्चिम बंगाल एवं बंगला देश के जमीन के अन्दर के पानी में पाया जाता है।

फ्लोराईड दांत एवं हड्डियों के लिए अति आवश्यक है। परन्तु जब इसका उपभोग असीमित मात्रा में होता है तो यह शरीर के इन अंगों में खराबी पैदा करता है।

Salt (नमक):– तटवर्त्ती इलाका में नमक प्रदूषण फैलाने वाला और एक दूसरा पदार्थ है। जब जमीन का पानी ज्यादा इस्तेमाल होता है तब तटवर्त्ती क्षेत्र में समुद्र का खारा पानी कुएँ में रिसाव होकर आ जाता है जो पीने के लायक नहीं रह जाता।

Domestic Wastes:- प्रत्येक घर से कूड़ा–कचड़ा एवं सीवेज पानी निकलता है विशेष कर उन मेट्रोपोलिटन सिटी में जहाँ घनी आबादी पाई जाती है, परिवारिक गंदगी की उचित व्यवस्था साफ नहीं हो पाती है।

यह पाया जाता है कि तटीय क्षेत्र के लाखों टन परिवारिक कूड़े–कचड़े समुद्र में डाल दिये जाते हैं जिससे समुद्र के जीव–जन्तु एवं ईकोसिस्टम पर हानिकारक प्रभाव पड़ता है।

Management of Water:- इसमें दो जटिल काम हैं जो जरूरी भी हैं, वे ––

(1) पानी की किल्लत का सामना करना

(2) जल प्रदूषण का सामना करना

ये दोनों चुनौतियों ने विकसित तथा विकासशील देशों का ध्यान अपनी ओर खींचा है। इसके अलावा बहुत से देशी एवं विदेशी संस्थाओं का भी ध्यान आकर्षित किया गया है जैसे – जोहानसवर्ग सम्मेलन 2002–2003 के साल को Fresh water या ''ताजे पानी'' का साल कहा गया।

आज हमारे सामने यह चुनौती है कि हम अपने भूख–प्यास कैसे मिटाएँ। यह एक विडम्बना है कि आज हजारों हजार लोग भयंकर से भयंकर बाढ़ से पीड़ित हैं जबकि भारत जल का संग्रह सिस्टमेटिक रूप से संचित नहीं कर पा रहा है। दूसरी ओर कि पानी की किल्लत सब तरफ है। बम्पर पैदावार के लिए बहुत मात्रा में पानी की जरूरत है ताकि लोगों को खिला–पिला सकें। यह अनुमान लगाया गया है कि एक किलोग्राम (1 माह) धान (paddy) के लिए करीब 250 लीटर जल की जरूरत है।

इस तरह हम देखते हैं कि प्रत्येक व्यक्ति को पानी की किल्लत को देखते हुए सजग हो जाना चाहिए और पानी का इस्तेमाल जरूरत के अनुसार ही करना चाहिए ताकि कोई बर्वादी न हो। आईये आज हम शपथ लें कि आज हम व्यक्तिगत परिवार से ही शुरूआत करें। यह सोच कर कि ''जल ही जीवन है''।

INDIAN Scenario:- सन् 1977 से केन्द्रीय प्रदूषण नियंत्रण बोर्ड, संबंधित राज्य प्रदूषण नियंत्रण बोर्ड के साथ मिल कर नेशनल अक्वैटिक रिसोर्स के जल की गुणवत्ता की मॉनिटरिंग करते आ रहे हैं।

मॉनिटरिंग प्रोग्राम यमुना नदी के 17 स्टेशन से शुरूआत करके अब 507 स्टेशन तक पहुँचा है।

"सेन्ट्रल जल कमिशन" का भी अपना नेटवर्क है, जो 369 क्षेत्रीय स्टेशन में पानी के बहाव एवं उसकी गुणवत्ता का माप–दण्ड रखता है।

"सेंट्रल ग्राउण्ड वाटर बोर्ड, भी 15355 स्टेशन्स पर ग्राउण्ड वाटर क्वालिटी का मॉनिटरिंग करता है।

Water Act:- "सेंट्रल पोल्यूशन कंट्रोल बोर्ड" ने दूषित जल निकास के बारे में कुछ विशेष मानक तैयार किया है।

यह कानून स्टेट पोल्यूशन कंट्रोल बोर्ड को सशक्त बनाता है ताकि उक्त मानक को बरकरार रखा जाए जो CPCB कानून से भी बढ़ कर कठोर है।

इस कानून के तहत् प्रदूषण फैलाने वाले प्रत्येक व्यक्ति के विरूद्ध जुर्माना एवं जेल की सजा देने का प्रावधान है।

National River Action Plan (NRAP):- रिवर पोल्यूशन, आंत्रिक स्वरेज, कूड़े–कचड़े के ढेर का निराकरण एवं सुलभ शौचालय के प्रावधान के लिए एक संयोजक उपाय अपनाया गया है।

The National Lake Conservation Plan:- नेशनल लेक कन्वर्जन प्लान शुरू किया गया ताकि कुछ नदियों की तरह झील को प्राथमिकता दी जाए ताकि उसके पानी की गुणवत्ता की रक्षा हो सके।

मध्य प्रदेश स्थित "भोज" लेक जापान से मदद ले रही है ताकि अपने पानी की गुणवत्ता को बरकरार रख सकें।

तटीय क्षेत्र के शहरों की ओर विशेष ध्यान दिया गया है क्योंकि उन शहरों से बहुत ज्यादा स्वेज, कूड़े–कचड़े एवं बायो–मेडिकल वेस्ट समुद्र में डम्प किया जाता है।

Integrated Water Resource Development and Management:- पानी स्रोत के विकास एवं उसकी व्यवस्था के लिए एक समुचित उपाय अपनाया गया है और अनेक प्रकार की स्कीम अपनायी गई हैं वे निम्नलिखित हैं:–

– दामोदर वाली कोरपोरेशन (DVC)

- कृष्णा गोदावरी कमिशन
- शोन रिवर कमिशन
- गंगा फ्लड कन्ट्रोल बोर्ड एवं गंगा फ्लड कन्ट्रोल कमिशन
- ब्रह्म–पुत्र बोर्ड
- नर्मदा कन्ट्रोल ऑथोरिटी
- भाकड़ा व्यास मैनेजमेन्ट बोर्ड
- अपर यमुना रिवर बोर्ड

विकास एवं जल स्रोतों के वितरण जल मुहानों एवं स्थानीय स्तर पर सभी जरूरतमन्द उद्देश्यों के लिए यह आवश्यक बनाया गया कि सभी ऐजेन्सी उसका अनुपालन करें।

The national water development authority (NWDA):- NWDA ने नैशनल प्रोस्पेक्टिव प्लान के तहत जल संतुलन और नदियों को एकीकृत करने की संभावना के विषय में अध्ययन, एक निश्चित कार्यक्रम के तहत् किया है जो निम्न प्रकार हैः–

- हिमालायन रिवर्स डेवलेपमेन्ट
- प्रायद्वीप रिवर्स डेवलेपमेन्ट

"Inefficiency in water resource management:- परम्परागत विचार अनुसार जल को एक मुफ्त वस्तु समझा जाता है और सरकारी नीतियों में इसके कारगार उपयोग के बारे में बहुत ही कम प्रोत्साहन दिया गया है।

निम्नलिखित पोइन्टस यह दर्शाते हैं कि संसाधनों की उपयोगिता बहुत ही गलत ढंग से किया गया।

1– वाष्पीकरण के चलते बहुत ज्यादा क्षति।

2– म्युनिसपल कॉरपोरेशन द्वारा संशोधित जल के वितरण में अत्याधिक क्षति

3– दूसरी तरह की कमजोरियाँ जैसे– जरूरत से ज्यादा बहाली, जिम्मेदारी की कमी, प्रशासनिक खर्च एवं प्रोजेक्ट कार्यान्वित करने में विलम्ब के चलते लागत की वृद्धि अधिक होना।

आज यह बहुत अफसोस की बात है कि देश की आजादी के 60 साल बीतने पर भी एक बड़ी आबादी अभी भी शुद्ध जल एवं स्वच्छ सुलभ शौचालय के लिए तरस रही है।

जल वितरण असमान्य है और देश के अन्दर जल प्रदूषण बहुत अधिक है।

स्थाई जल व्यवस्था के उपाय (Sustainable water management strategies)

सेन्ट्रल एवं राज्य स्तर में अनेक एजेन्सी होने के बावजूद जल संसाधन व्यवस्था का कोई ठोस विकास नजर नहीं आता है और न कोई ठोस प्रमाण ही है जो अन्तर राज्यों के झगड़े का निपटारा किया हो।

यहाँ यह जिक्र करने योग्य बात है कि अभी भी कावेरी जल भागीदारी के बारे में तमिलनाडू, कर्नाटक एवं आन्ध्रप्रदेश के बीच आपसी झगड़ा है। जल व्यवस्था में निम्नलिखित विशेष आवश्यक मामलों को शामिल करना अति आवश्यक है:–

बहुत दिनों से लंबित जल–शुल्क की समस्या का निरूपण, पर्यावरण समस्या का ध्यान रखते हुए करना चाहिए जब हम नैशनल एवं सामाजिक जिम्मेदारियों को निभाते हैं।

जल शुल्क में संशोधन लाने से जल संसाधन के संचय करने में प्रोत्साहन मिलेगा तथा इससे म्युनिसिपैलिटी को आर्थिक सहायता मिलेगी। जल शुल्क में संशोधन के साथ–साथ जल वितरण प्रणाली में भी संशोधन और सेवा में गुणवत्ता लाने की जरूरत है। पानी की बर्बादी और गुणवत्ता में कमी न आने देने के लिए बाजार में प्रचलित औजारों का इस्तेमाल करना चाहिए।

संस्थागत संशोधन लागू किया जा सकता है जब सेवा क्षेत्र में स्वायत्ता प्रदान की जाती है, चाहे वह सिंचाई या म्युनिसिपल सर्विस की बात हो। स्वायत्ता के अन्दर आर्थिक एवं प्रशासनिक विकेन्द्रीयकरण की आवश्यकता है और स्थानीय समुदाय तथा निजी क्षेत्र को बढ़ावा देना।

उपलब्ध जलाशयों के अतिक्रमण रोकने के लिए कानूनी प्रावधान की जरूरत है। नदी के जल संग्रह को बनाये रखने के लिए जल व्यवस्था का सशक्तिकरण होना चाहिए। सही कानूनी व्यवस्था की जरूरत इसलिए है ताकि जल संग्रह प्राधिकरण को स्वायत्ता प्रदान की जा सके जो अपनी नीति निर्धारण में तथा योजना एवं वित्तीय व्यवस्था पर नियंत्रण का अधिकार मिल सके।

बरसात के मौसम में बहुत पानी की बर्बादी होती है। बाढ़ से बचाव कार्य में करोड़ों रूपये खर्च होते हैं जो देश के विभिन्न राज्यों को देने पड़ते हैं। यह बहुत ही आवश्यक है कि देश की नदियों का एकीकरण करके, मौसमी–जल का संग्रह किया जाए। सरकार को चाहिए कि बिना देरी किये यह सोचना और रिवर प्रोजेक्ट को कार्यान्वित करना चाहिए। भारत के लिए बाढ़ कोई नई चीज नहीं है। प्रति वर्ष बाढ़ की तीव्रता अलग–अलग रहती है। परन्तु 2007 में जो बाढ़ आई उतनी नुकसानदायक बाढ़ 30 साल के अन्दर कभी नहीं आई। बिहार में इस साल मिलियन्स लोग बाढ़ से ग्रसित हुए जिनमें उत्तर प्रदेश, आसाम और उड़ीसा शामिल हैं।

संयुक्त राज्य ने इस वर्ष के बाढ़ को ''जीवन भर का सबसे खराब यादगारी'' कहा है। बाढ़ से करीब 200 आदमी मरे और 16 मिलियन से अधिक लोग विस्थापित हो गए। निम्नलिखित आँकड़े H.T. द्वारा 7.08.07 को प्रकाशित किये गये:–

– 1258 लोगों की मृत्यु हुई,

– 3 करोड़ लोग विस्थापित हुए जो 20 राज्यों के हैं।

– 1.3 करोड़ की सम्पति नष्ट हुई,

– 6800 मवेशी नष्ट हुए।

उपर्युक्त आँकड़ा दर्शाता है कि यह उपयुक्त समय आ गया है जब कि हमारे राजनीतिज्ञों, प्रशासनिक अधिकारी एवं अभियांताओं को सीखना चाहिए कि बाढ़ के साथ किस तरह से जीवन निर्वाह करना होगा।

यह भी सरकार के लिए जरूरी है कि इन विपत्तियों के आने के पहले ही आवश्यक सावधानी बरतें कि विपति आने पर कदम बढ़ायें। प्रकृति के क्रोध का सामना करना कठिन जरूर है परन्तु यदि सही सिस्टम एवं नीति अपनायें तो बर्बादी को बहुत हद तक कम किया जा सकता है।

सभी नीति निर्धारण जल व्यवस्था का हिस्सा होना चाहिए। जन साधारण के लिये भी यह जरूरी है कि वे जल संग्रह के महत्त्व को समझें और हर परिवार को उसके लिए उचित कदम उठाना चाहिए।

रिसर्च (खोज) एवं विकास द्वारा यह कोशिश करनी चाहिए ताकि घरेलू दूषित जल का परिशोधन कम खर्चीले तकनीकों के द्वारा किया जा सके।

Rain water Harvesting (RWH):- वर्षा के पानी का रख–रखाव आज एक आम बात हो गया है। यह जल व्यवस्था का एक उपाय है जिसके तहत जमीन के अन्दर के पानी की क्षति को रोकने व पूर्ति करने में मदद मिलती है।

यह निश्चित किया गया है कि 300 वर्ग फीट वाले छत से एक वर्षा ऋतु में करीब एक लाख लीटर जल संग्रह किया जा सकता है।

RWH आज भारत के कुछ जगहों में आवश्यक हो गया है, जहाँ नये मकान एवं ग्रुप हाउसिंग कम्पलेक्स भविष्य में आने वाले हैं।

कुछ कम्पनी हैं जो जरूरी तकनीकी और सुविधाएँ मुहैया करा सकती हैं जो कि अनेक प्रोजेक्टस तथा निजी इमारतों में बहाल कर सकती हैं।

BENEFITS OF RWH :- जमीन के अन्दर के पानी को क्षति ग्रस्त होने से रोकने के उद्देश्य से वर्षा के पानी को संग्रहित करना एक अच्छा उपाय है। वर्षा के पानी का संग्रह करना और उसका लाभ निम्न प्रकार है:–

– जमीन के अन्दर के जल–स्रोत को यह सजीव बनाता है।

– बरसात के दिनों में बहते पानी को रोक कर इकट्ठा करना।

– बिजली खपत में कमी लाना।

– समुद्री जल के रिसाव को रोकना चेन्नई स्थित नैशनल वाटर हार्वेस्टर्स नेटवर्क (NWHN) ने RWH पर सफलता प्राप्त की है। ए. वैद्यनाथन के नेतृत्व में चेन्नई शाखा ने वर्षा जल संग्रह करने में बहुत ही अच्छा प्रगति हासिल किया है। जून 1999 में बिल्डरों और अन्य लोगों के साथ एक मीटिंग का आयोजन किया और RWH के बारे में विस्तार से चर्चा की गई। इसके बाद उन्होंने RWH के विचार धारा को अपनाने का फैसला लिया ।

यह भी कहा गया कि RWH के लिए जो स्ट्रकचर बनता है वह कम खर्चीला होता है। जहाँ RWH अपनाया गया उस क्षेत्र के जमीन का पानी की गुणवत्ता में बढ़ोत्तरी पायी गई।

चेन्नाई का "मद्रास इन्स्ट्रीट्यूट ऑफ डेवलेपमेन्ट ने एक प्रोजेक्ट चेन्नई में लेने का संकल्प लिया। नई दिल्ली स्थित सी.एस.ई. ने उस योजना को सहायता देने का आश्वासन दिया।

WORLD SUMMIT FOR SUSTAINABLE DEVELOPMENT (WSSD):- WSSD सम्मेलन जोहानसबर्ग में 2000 ई0 में हुआ। जिसमें यह कहा गया कि स्वच्छ जल की व्यवस्था और पर्याप्त

शौचालय की व्यवस्था, मानव स्वास्थ्य एवं पर्यावरण सुरक्षा के लिए जरूरी है।

यह सहमति बनी कि 2000 तक जितने लोगों को स्वच्छ एवं सुलभ शौचालय की सुविधा नहीं है उनकी संख्या का कम से कम आधा हिस्सा 2015 तक में कम हो जाना चाहिए।

TheAction required at all levels are :—

- परिवारिक सैनिटेशन सिस्टम का विकास और उसका उपयोग।
- सार्वजनिक संस्थाओं विशेष कर स्कूलों के सैनिटेशन में वृद्धि होनी चाहिए
- सुरक्षित हाईजेनिक प्रैक्टिस में बढ़ोतरी करना।
- बच्चों के शिक्षा में विकास लाना चाहिए ताकि वे स्वच्छता संबंधी चाल–चलन में सुधार करें।
- सामाजिक एवं सांस्कृतिक रूप से स्वीकृत तकनीकी एवं उनके प्रयोग जो प्राप्य है, उसका इस्तेमाल करना।
- नवीन आर्थिक व्यवस्था एवं पार्टनरशिप तौर तरीका विकसित करना।
- जल संसाधन प्रबन्धन नीति के साथ सैनिटेशन का समावेश करना।
- सैनिटेशन का अधिकाधिक उपयोग करना ताकि मानवीय स्वास्थ्य का विकास हो और राष्ट्रीय स्तर पर सैनिटेशन और जल व्यवस्था का स्थाईकरण हो सके।

Soil Pollution:- मिट्टी प्रदूषण मुख्यतः निम्नलिखित कारणों से होता हैः–

1. रासायनिक खाद
2. पेस्टीसाईड (कीट नाशक दवा)
3. मानव मल–मूत्र

Chemical Fertilizers:- नेहरू जी के समय में पंजाब में ग्रीन रेवेल्युएशन शुरू हुआ ताकि अनाज के पैदावार में वृद्धि हो और अनाज के मामले में भारत को एक स्वावलंबी राष्ट्र बनाया जा सके।

अनाज पैदावार में वृद्धि करना इकोलोजिकल चैलेंज (चुनौती) है। विगत 5 दशक में अनाज पैदावार में काफी वृद्धि हुई है। वार्षिक अनाज पैदावार 50 मिलियन टन से बढ़कर 200 मिलियन टन हो गया जो रासायनिक उर्वरक के इस्तेमाल का नतीजा है। यह अनुमान लगाया गया कि 1/4 रासायनिक उर्वरक पेड़–पौधों के बढ़ाने में इस्तेमाल होता है और बाकी स्वतः जमीन के अन्दर के पानी में घुल जाता है।

Pesticide:- कीटनाशक दवाई का इस्तेमाल पेड़–पौधों के कीड़े–मकोड़ें, मच्छर एवं मक्खी मारने के लिए किया जाता है।

यह निश्चित रूप से पाया गया कि कीट–नाशक दवाई, कीड़े–मकोड़ें मारने के अलावा, इसका असर मनुष्यों और जानवरों के ऊपर प्रत्यक्ष–व परोक्ष रूप से पड़ता है । कीटनाशक दवा जल स्तर तक पहुँच जाती है और "फूड चेन" द्वारा जीव–जन्तु एवं मनुष्यों तक पहुँच जाता है।

उदाहरण स्वरूप कि डी.डी.टी. एक ऐसी कीटनाशक दवा है जो आज भी मिट्टी में पाया जाता है जब कि इसका इस्तेमाल सालों पहले ही बन्द कर दिया गया था।

Human Refuse:- हर साल मनुष्यों द्वारा मिलियन्स टन मल–मूत्र त्याग दिया जाता है। सिवेज के अलावा मल–मूत्र जमीन के ऊपर फेंका जाता है और उस फेंकने की जगह को लैंड–फिल्स" कहा जाता है। ऐसी जगह–जमीन बिमारी उत्पन्न करता है और मिथेन का रिसाव होता है जो कि एक ग्रीन हाऊस गैस है। आज कल ग्रामीण एवं शहर के लोगों को अपनी मानसिक्ता बदलने की जरूरत है जहाँ तक हाईजिन और स्वच्छता का प्रश्न है। समुचित तकनीक विकसित

करने की आवश्यकता है ताकि मानव मल–मूत्र की व्यवस्था बेहत्तर हो सके।

Management of Soil Pollutants:- भोपाल गैस काण्ड के बाद बहुत से देश की सरकारें कीटनाशक दवाइयों एवं अन्य विसाक्त रासायनिक पदार्थो के मिट्टी में, पानी के स्रोत एवं मानव सिस्टम में घुल जाने के बारे में सजग हो गए। मिट्टी प्रदूषण करने वाले रासायनिक पदार्थ जो कि कृषि एवं औद्योगिक क्षेत्रों से आते हैं उसके लिए विशेष रणनीति अपनाने की आवश्यकता है।

सबसे पहले हमारे कृषि कार्य कलाप में सुधार की जरूरत है ताकि रासायनिक उर्वरक एवं कीट–नाशक दवाई का उपयोग कम हो।

नवीनतम कृषि के तौर तरीके जो जेनेटिक इंजीनियरिंग के प्रयोग के आधार पर होते हैं, वह ऐसी फसल उगाने की ओर हमें उन्मुक्त करते हैं जो रासायनिक उर्वरक और कीटनाशक दवाओं के बिना ही उपजते हैं।

इसके अलावा रासायनिक उर्वरक एवं कीटनाशक दवाईयों पर अनुदान के बारे में गहराई से पुनरावलोकन की आवश्यकता है, ताकि इनके इस्तेमाल में कमी लाई जा सके।

वर्त्तमान केन्द्रीय अनुदान जो रासायनिक उर्वरक पर वार्षिक दर 40000 करोड़ है, देश के लिए एक बहुत बड़ा वित्तीय बोझ माना जा रहा है।

Suggestions:-

- एक समुचित सुनिश्चित जमीन के उपयोग नीति ग्रामीण जलावन एवं चरागाह और फोडर नीति की जरूरत जो जमीन, जंगल की व्यवस्था वैज्ञानिक ढंग से करने के लिए स्थाई रूप से विकास करने की जरूरत है।

- जहाँ तक सम्भव है जमीन का प्रबन्ध प्राकृतिक जल भण्डार के आधार पर ही होना चाहिए क्योंकि यह सबसे ज्यादा अच्छा एवं कारगार प्रबन्धन और तर्क संगत रूप से जमीन एवं पानी के उपयोग के लिये आदर्शपूर्ण संसाधन है। इससे उपज अच्छी होगी और संसाधन की क्षति भी कम होगी।
- सिंचाई की सम्भावनाओं के उपयोग में बढ़ोतरी होनी चाहिए। साथ ही साथ जल संचय तथा उसका समुचित प्रबन्ध करना चाहिए।
- जमीन का विवरण, उसकी खासियत एवं भूस्खलन आदि जानने के लिए रिमोट सेंसिग् तकनीक एवं ज्योग्राफिकल इन्फोरमेशन सर्विस (GIS) की सहायता लेनी चाहिए।
- जहरीली रासायनिक पदार्थो एवं कीटनाशक दवाइयों से जमीन प्रदूषण रोकना चाहिए जिसके लिए म्यूनिसिपल कूड़े–कचड़े का समुचित निराकरण होना चाहिए।

MARINE POLLUTION:- भारत के पूरब में बंगाल की खाड़ी, पश्चिम में अरब सागर, दक्षिण में हिन्द महासागर है। इस तरह भारत का लम्बा तटवर्त्ती इलाका है जो 750 किलामीटर है।

यह अनुमान किया गया है कि 3 लाख 15 हजार हैक्टेयर में मैंगरोब कवर है और मुख्य रूप से पूर्वी तटवर्त्ती इलाके (उड़ीसा एवं पश्चिम बंगाल) तथा अण्डमान निकोबार द्वीप समूह हैं। विश्व का सबसे विशाल मैंगरोब जंगल पश्चिम बंगाल के सुन्दरवन में स्थित है। भारत के मैंगरोब बहुत बुरी तरह क्षति ग्रस्त हैं क्योंकि पेड़ों की अंधाधुँध कटाई, कृषि एवं शहरीकरण के लिए जंगल–जमीन का इस्तेमाल, जलावन की पूर्ति, एवं पालतू मवेषियों की अधिकाधिक चारागाह आदि होती है।

MARINE ECONOMY:- तटीय क्षेत्रों, जैसे गोवा, केरल एवं उड़ीसा में टूरिज्म एक प्रमुख वित्तीय कार्य–कलाप के रूप में उभर आया है। कोराल रीफ पालक मुहाना, मन्नार मुहाना, कच्छ का मुहाना, भारत का सेन्ट्रल वेस्ट कोस्ट, लक्ष्य–द्वीप एवं अण्डमान–निकोबार द्वीप समूहों में कोराल–रीफ पाया जाता है।

भारत के समुद्री पर्यावरण में मछली पकड़ना एक मुख्य वित्तीय कार्य कलाप है । समुद्री मछली का निर्यात 2000 में 421075 मिलियन टन था। करीब एक मिलियन आबादी तटवर्त्ती इलाके के 3651 गाँवों में बस गई। इनका मुख्य पेशा मछली पकड़ना है। भारतीय मत्स्य उद्योग बहुत से अंचिलारी कार्य–कलापों को सहारा प्रदान करता है, जैसे नाव का निर्माण एवं प्रोसेसिंग प्लान्ट्स आदि।

Cause of marine pollution:- जनसंख्या विस्फोट, आर्थिक एवं औद्योगिक विकास आदि ने तटीय क्षेत्र संसाधनों पर अत्याधिक दबाव बढ़ाया है। समुद्री प्रदूषण के प्रमुख कारण निम्न प्रकार हैं:–

– Waste from municipality:- भारत में तटवर्त्ती इलाके बहुत ज्यादा म्यूनिसिपल वेस्ट से, जो शहरीकरण एवं टूरिजम द्वारा, प्रदूषित किये जाते हैं। हजारों हजार टन म्युनिसिपल कूड़े–कचड़े समुद्र में फेंक दिया जाता है जो घरेलू तथा औद्योगिक कारखानों से निकलते हैं।

– Waste from Industry:- औद्योगिक कल–कारखानों द्वारा उत्सर्जित रासायनिक एजेन्टस जो उर्वरक से तथा कीट–नाशक दवाओं से उत्पन्न होते हैं, तेल शोधक कारखानों से फिल्टर रहित स्वेज और अन्य गैर औद्योगिक वेस्ट आदि से निकलते हैं, औद्योगिक कल–कारखानों से उत्सर्जित पदार्थो से ज्यादा प्रदूषण फैलाते हैं।

– Minning of Sand From the Sea bed:- समुद्री तट से बालू के उत्खनन से तटवर्त्ती इलाके के पानी में टर्वीडीटी बढ़

जाती है जिससे ईको सिस्टम और फौना और फ्लोरा याने पेड़–पौधे एवं जीव–जन्तुओं की संख्या पर प्रभाव पड़ता है क्योंकि प्रकाश की उपलब्धता को सीमित करता है।

– Aqua culture activity:- भारत के कुछ क्षेत्रों में, मछली पालन जैसे कार्य, तटवर्त्ती संसाधन पर भारी दबाव डाले हुए हैं।

– Oil spills:- वित्तीय कार्य–कलाप, जैसे समुद्री सतह पर ड्रिलिंग करना, बन्दरगाह के कार्य–कलाप, टैंर्कस और समुद्री तेल के कुँए समुद्री प्रदूषण आदि समुद्री जीवन में मृत्यु का कारण है पानी जहाज के डूबने से, जिसमें मिलियन्स टन तेल रहता है, समुद्र में बह जाता है। जनवरी 1969 में दक्षिण कैलीफोर्निया, संयुक्त राज्य अमेरिका (USA) में एक तेल के कुँए से, सान्ता बारबारा चनल में तेल निकला जिसके फलस्वरूप समुद्र में भारी मात्रा में तेल मिल गया। यह कई मील की दूरी तक पानी की सतह पर छा गया ओर समुद्री तट पर तेल का 2 इंच मोटा परत जम गया। इस दुर्घटना के कारण बहुत भारी गड़बड़ी जीव–जन्तुओं और तटीय इलाके के लोगों के स्वास्थ्य पर पड़ी क्योंकि एक साल से ज्यादा समय तक तेल रिस्ता रहा।

मार्च 1978 में एक जहाज जो 2,30,000 टन तेल ले जा रहा था वह इंगलिश चैनल में जाते समय चट्टान से टकराया और टैंकर का तेल समुद्र के पानी में मिल गया।

एक्सोन टैंकर दुर्घटना 1989 में अलस्का में हुई जिसमें 90 गैलन कच्चा तेल बह गया।

जो तेल समुद्र के पानी की सतह पर गिरता है और फैलता है, उसमें Slik बन जाता है जो पानी पर तैरता है, उस तैरते एवं बहते तेल को जीव–जन्तु खाते और पीते हैं जो उनके भोजन का हिस्सा बन जाता हैं। तेल प्रदूषण करने वाले तत्व

इससे भी ऊँच कोटि के जीव जन्तुओं तक पहुँचाते हैं जब वे इन छोटे–छोटे जीवों को खाते हैं, इसके फलस्वरूप प्रदूषण ऊँच कोटि के समुद्री मैमल, पक्षी और आदमी तक फैल जाता है। इस तरह से भोजन चेन प्रतिकूल रूप से प्रभावित हो जाता है।

– Control of Marine Pollution:- समुद्री प्रदूषण विश्व स्तर का मुद्दा है। विकसित देशों ने समुद्र को कूड़ा–कचड़ा फेंकने का स्थान बना दिया है। फिर भी कई तरह के नियम और कानून बन गए हैं ताकि भारतीय तट पर होने वाले कार्य–कलापों पर नियंत्रण रखा जा सके।

कुछ नियम कानून जो बने हैं वे निम्न प्रकार से हैं:–

(A) Control of Oil Spills:- समुद्र में तेल रिसाव एक बहुत बड़ा मुद्दा है। तेल रिसाव कम करने के कई उपायों का प्रतिपादन हुआ है जिससे कि समुद्री पानी सतह पर तेल रिसाव प्रभाव कम किया जा सके, जो निम्न प्रकार हैं:–

(क) तेल को जला देना

(ख) अनेक तरह के पदार्थो से पानी की सतह पर तैरते तेल का कोटिंग करना और उसे बेअसर कर देना।

(ग) तैरते तेल के ऊपर पानी का फव्वारा छोड़ना

(घ) तेल को बूंदों में बदल देना और उसे फैलने के लिए छोड़ देना।

संयुक्त राज्य अमेरिका ने रबर ब्लाडर का एक सिस्टम निकाला है जिसके द्वारा डूबते जहाज के टैंकर से भारी मात्रा में तेल निकाला जा सकता है।

दूसरी तकनीक मेकैनिकल तरीके से तेल निकालने या हटाने का काम किया जा सकता है जब तेल समुद्र किनारे और इधर–उधर छितरा पड़ा हो परन्तु यह ज्यादा परिश्रम और खर्चीला है।

– Legal Control:-

राष्ट्रीय स्तर पर –

भारत में विशेष कर वित्तीय क्षेत्र के लिए (EEZ) नैशनल कनटिनजेन्सी प्लान बना है ताकि तेल रिसाव का सामना किया जा सके जिसमें तटीय प्रहरी (Coastal guard) को नोडेल एजेन्सी बनाया गया है। 1991 में तटीय क्षेत्र नियंत्रण नोटिश निर्गत किया गया था कि भारत में पर्यावरण रक्षा कानून (EPA) 1986 के तहत् तटीय पर्यावरण की रक्षा हो तथा उसकी गुणवत्ता में बढ़ोत्तरी हो सके। यह नोटिफिकेशन कुछ निषेध आज्ञाओं के साथ निर्गत हुआ था जिसमें कोई नया उद्योग संस्थान स्थापित हुआ हो तो उसे भी इस कानून के अन्तर्गत लाया जाए। मतस्य पालन, निर्माण कार्य, स्टोर व्यवस्था व हानिकारक कूड़े–कचड़े हटाने और म्यूनिस्पल कूड़े–कचड़े फेंकने आदि निषेध आज्ञा के अन्तर्गत रखे गए।

– International Level:- समुद्र में तेल रिसाव से उत्पन्न दुर्घटनाओं के संबंध में एक अन्तरराष्ट्रीय सम्मेलन बुलाया गया कि "हाई सी" पर हस्तक्षेप हो सके और सिविल लिवेरटी पर भी अन्तरराष्ट्रीय सम्मेलन बुलाया गया कि तेल प्रदूषण से होने वाली हानि या बर्बादी पर विचार किया जाये। तेल प्रदूषण नियंत्रण के लिए एक कार्य वृत्ति (Frame work 1969) बनाया गया। इसके अलावा "नोर्थ सी. ऑयल पोल्यूशन कन्वेन्शन" हुआ जो एक क्षेत्रीय सम्मेलन था वह

बेलजियम, फ्रांस, जर्मनी, नीदरलैंड, स्वीडन एवं यूनाईटेड किंग्डम (UK) में लागू किया जाना था।

तेल द्वारा समुद्र प्रदूषण रोकने के उद्देश्य से 1954 सम्मेलन बुलाया गया था जो समुद्र में जान–बूझकर तेल गिराने के मामले से संबंधित था।

समुद्र में तेल रिसाव का मामला बहुत ही गम्भीर मामला था लेकिन यह लगातार होने वाली समस्या नहीं थी।

– Control on other wastes:- कूड़े–कचड़े जैसे प्लास्टिक थैली, करटोन, बोतल, प्लास्टिक बैग आदि बहुत बड़ी समस्या उत्पन्न करती है और यह समस्या दिनों–दिन बढ़ रही है। भारत में विशेष कर वित्तीय क्षेत्र के लिए (EEZ) नैशनल कनटिनजेन्सी प्लान बना है ताकि तेल रिसाव का सामना किया जा सके जिसमें तटीय प्रहरी (Coastal guard) को नोडेल एजेन्सी बनाया गया है। 1991 में तटीय क्षेत्र नियंत्रण नोटिश निर्गत किया गया था कि भारत में पर्यावरण रक्षा कानून (EPA) 1986 के तहत् तटीय पर्यावरण की रक्षा हो तथा उसकी गुणवत्ता में बढ़ोत्तरी हो सके। यह नोटिफिकेशन कुछ निषेध आज्ञाओं के साथ निर्गत हुआ था जिसमें कोई नया उद्योग संस्थान स्थापित हुआ हो तो उसे भी इस कानून के अन्तर्गत लाया जाए। मत्स्य पालन, निर्माण कार्य, स्टोर व्यवस्था हानिकारक कूड़े–कचड़े हटाने और म्यूनिस्पल कूड़े–कचड़े फेंकने आदि निषेध आज्ञा के अन्तर्गत रखे गए।

THERMAL POLLUTIONS:- स्टील प्लान्टों, रिफाईनरी, न्यूक्लीयर रिअक्टर, पावर प्लान्ट और अन्य औद्योगिक कल–कारखानों में बड़ी मात्रा में गर्म जल की आवश्यकता पड़ती है। इस तरह गर्म जल को झीलों में, नदियों में या समुद्र में गिरा दिया जाता है जिससे इनका टेम्पेरेचर बढ़ने लगता है। ऊँचा टेम्पेरेचर ऑक्सीजन कम

करता है और थर्मल प्रदूषण का कारण बनता है। नदियों एवं झीलों में कुछ जीव–जन्तु इसके कारण मर जाते हैं।

EFFECT OF THERMAL POLLUTION:- उच्च तापमान (High Temperature), निम्नलिखित हानिकारक नतीजे उत्पन्न कर सकता है:–

गर्म जल में कुछ वैकटीरिया बहुत ज्यादा उत्तेजित हो जाते हैं और इसलिए मछलियों में बीमारी फैल जाती है।

मछलियाँ सामान्य अवधि से पहले ही अण्डे देने लगती हैं परन्तु इससे नये बच्चे जो उत्पन्न होते हैं, उनको भोजन नहीं मिल पाता है। इसलिए नये जन्में मछली भोजन नहीं मिलने से मर जाते हैं।

कार्बन ग्रहण करने की क्षमता पेड़–पौधों में कम हो जाती है जिससे उनकी उत्पादकता कम हो जाती है।

गर्मी, ऑक्सीजन की मात्रा को कम करता है इसलिए गर्म जल बायोलोजिकल ऑक्सीजन की माँग (BOD) को बढ़ा देता है।

इस तरह थर्मल प्रदूषण से इको सिस्टम में गड़बड़ी आ जाती है जिस तरह से फौना और फ्लोरा में बदलाव होने लगता है तब बाह्य वातावरण में बदलाव आता है।

थर्मल प्रदूषण को रोकने के लिए औद्योगिक कल–कारखानों को चाहिए कि वे कूलिंग् टावर का इस्तेमाल करें या गर्म किये गये पानी का फिर से कारखाने में ही इस्तेमाल करें।

NUCLEAR HAZARDS:- न्यूक्लीयर वेस्टेस के अन्तर्गत रेडियो एक्टिव, जैसे पदार्थ आते हैं जो एटमिक रियक्टर से न्यूक्लीयर पावर स्टेशन से निकलते हैं। जब इन पदार्थो को समुद्र के पानी में छोड़ो जाता है चाहे हवा या मिट्टी के रूप में, जो मनुष्यों के कार्यो के फलस्वरूप होते हैं या दुर्घटना से या जानबूझ कर, उसे ही न्यूक्लीयर हजार्डस या न्यूक्लीयर प्रदूषण कहा जाता है।

SOURCES OF NUCLEAR HAZARDS:- इस तरह के हजार्डस या प्रदूषण निम्न प्रकार के होते हैं:–

(अ) न्यूक्लीयर हथियार टेस्ट करने पर

(ब) न्यूक्लीयर फ्यूल (ऊर्जा) जब न्यूक्लीयर रियक्टर में इस्तेमाल किया जाता है।

(स) न्यूक्लीयर मटेरियल जब न्यूक्लीयर पावर प्लान्ट्स से दुर्घटनावश छूटते हैं। रेडियोअक्टिव से छूटे हुए छोटे से छोटे रेडियेशन भी गम्भीर परिणाम हो सकते हैं। रेडियोअक्टिव प्रदूषण प्रर्यावरण के लिए समस्या बन जाता है क्योंकि न्यूक्लीयर वेस्ट्स लम्बे समय तक जीवित रहते हैं।

रेडियोअक्टिव वेस्ट बहुत जल्द विस्तृत क्षेत्र में फैल जाते हें और ये पूरी तरह मनुष्यों में और जीव–जन्तुओं में रोग या बीमारी के रूप में कई दशकों तक प्रकट नहीं होते हैं। इसलिए रेडियोअक्टिव लीक के लक्षण की जानकारी होने से पहिले ही कई ग्रसित लोग मर गए होते हैं।

The Nuclear Testing or explosion results in three fallouts:-

न्यूक्लीयर टेस्ट या विस्फोट तीन तरह के असर दर्शाता है:–

1. एक बहुत ही तीव्र परन्तु थोड़े समय के लिए और स्थानीय प्रकृति का असर होता है।
2. निम्न या ठंड़े वातावरण में इसका असर प्रकट होता है जो बहुत बाद में जमा होता है और बड़े क्षेत्र में फैल जाता है।
3. छोटे–छोटे कणों के रूप में विस्फोट का मलवा बाह्य वातावरण में गिरता है और यह लगातार वर्षों तक होता रहता है और सारी दुनियाँ में छा जाता है।

हिरोशिमा और नागासाकी में अमेरिका द्वारा न्यूक्लीयर (हाईड्रोजन) बम गिराया गया यह एक उदाहरण है जिसमें जापान के 225000

लोग पाँच साल के अन्दर मर गए क्योंकि बम के रेडियेशन लम्बे समय तक ठहर गया।

Nuclear Waste (Hazardous) Management:-

न्यूक्लीयर प्रदूषण (Waste) को दो श्रेणी में रखा जा सकता है:–

(ए) निम्नस्तर का रेडियोएक्टिव और

(ब) उच्च स्तर का रेडियोएक्टिव साधारणतः बहुत थोड़ी मात्रा में होता है और बहुत पदार्थो में विलय हो जाता है। इस तरह के पदार्थ कई रूपों में औद्योगिक क्रिया कलापों, मेडिकल और रिसर्च (खोज) के दौरान उत्पन्न होता है।

साधारणतः इन पदार्थो को सीलबंद कर रखा जाता है और उनको या तो मिट्टी में गाड़ दिया जाता है या अन्य परम्परागत तरीके से नष्ट कर दिया जाता है जब इनमें का रेडियोएक्टिव गुण न्यूनतम या मृत प्रायः अवस्था में हो जाता है।

यह विश्वास किया जाता है कि इन प्रदूषण से छोड़े गए रेडियोएक्टिव न्यूनस्तर के होते हैं इसलिए इनका बुरा असर बाह्य वातावरण में नहीं दिखाई पड़ता है। आज वैज्ञानिक लोग इस तत्थ पर चुनौती पूर्ण विचार प्रस्तुत करते हैं और यह सलाह देते हैं कि सुरक्षापूर्ण तरीके अपना कर ही इस तरह के प्रदूषणों को नष्ट करना चाहिए।

उच्च स्तर के रेडियोएक्टिव युक्त प्रदूषण वे पदार्थ होते हैं जिनमें बहुत ही तेज रेडियोएक्टिविटी होती है, और यह तेजीपन सैकड़ों हजारों साल तक बना रहता है। उच्च स्तर के प्रदूषण जिनमें तेज रेडियोएक्टिविटी रहती है उनका मुख्य कारण या स्रोत न्यूक्लीयर पावर प्लान्ट और न्यूक्लीयर हथियारों (जैसे एटम बम) का विस्तार है।

Storage of High Level Nuclear Wastes:- अलग–अलग देश उच्च स्तर न्यूक्लीयर प्रदूषण स्टोरिंग के अलग–अलग उपाय किए

हुए हैं। कनाडा में ऐसे प्रदूषण की स्टोरिंग 25 साल से अधिक समय तक पानी से भरे तालाबों में करते हैं।

फ्रांस जो दुनियाँ में सबसे बड़ा न्यूक्लीयर पावर स्थापित किये हुए है, वह जमीन के अन्दर बोल्ट या गुम्बज बनाकर अपना प्रदूषण रखता है।

1982 में, न्यूक्लीयर वेस्ट पॉलिसी कानून् यूनाईटेड स्टेटस अमेरिका (USA) के कांग्रेस द्वारा पास किया गया, जिसमें उच्च स्तरीय प्रदूषण रिपोजिटरी पर जोर दिया गया जो कि 21वीं शताब्दी के प्रथम चरण में उसका निर्माण किया जाएगा।

Chernobyl Nuclear Explosion (Russia):- 25 अप्रैल 1986 को इंजीनियरों द्वारा एक जोखिम पूर्ण परीक्षण करते समय रूस के चेरनोविल न्यूक्लीयर पावर स्टेशन में एक विस्फोट हुआ। इस परीक्षण के दौरान जबर–दस्त प्रेशर (दबाव) पैदा होने के चलते, रियेक्टर का 1000 टन कॉंकरीट छत उड़ गयी। मोल्टन और रेडियोएक्टिव की राख वाह्य वातावरण में फैल गयी। उस तरह के विस्फोट का नतीजा बहुत ही भयंकर होता है। विशेषज्ञों का कहना है कि रेडियोएक्टिव पदार्थ वायु–मण्डल में जितने परिमाण में छा गया वह हिरोशीमा में गिराया गया एटम–बम का 10 गुणा के बराबर है।

एक लाख पैंतीस हजार आबादी को आठ (8) दिन के अन्दर चेरनोबिल के इलाके से हटाये गए। परीक्षण के नतीजे से यह प्राप्त हुआ कि चेरनोबिल प्लान्ट के आस–पास का हवा, जल एवं जमीन बहुत प्यादा विसाक्त हो गया। जो बच्चे दक्षिण यूक्रेन में ले जाए गए, उन बच्चों के बारे में भारी चिंता व्यक्त की गई।

हवा द्वारा उड़ाए गए रेडियोएक्टिव पदार्थ उस दुर्घटना स्थल से पोलैण्ड, जर्मनी, बेल्जियम, हॉलैण्ड, स्वीडन एवं फिनलैण्ड तक पहुँच गया। इटली भी रेडियोएक्टिव पदार्थ से प्रभावित हुआ। यूरोप का बहुत बड़ा हिस्सा प्रभावित हुआ जिसके चलते किसानों ने रेडियोएक्टिव

के डर से अपनी फसल को नष्ट कर दिया। जंगल साफ कर दिये गए एवं बहुत मात्रा में मिट्टी हटायी गयी ताकि रेडियोएक्टिविटी को मिटाया जा सके।

आपदा प्रबन्धन (Disaster Management)

किसी रोग से बचने का उपाय उस रोग के निदान से बेहतर है। प्राकृतिक विपदाएँ यथा – चक्रवाती तूफान, भूकम्प, बाढ़ तथा सूनामी आदि विश्व के सभी देशों में अक्सर आती हैं जिससे मनुष्य व पशुओं का जीवन बुरी तरह प्रभावित होता है। आपदा–प्रबन्धन के दो प्रकार हैं:–

(1) आपदा–पूर्व आपदा प्रबन्धन

(2) आपदा–पश्चात् आपदा प्रबन्धन।

आपदा–पूर्व आपदा प्रबन्धनः– इसके अन्तर्गत पूर्वानुमान मॉनिटरिंग व पूर्व–आगाह करने की उन्नती विद्या के द्वारा यह बताया जाता है कि प्राकृतिक आपदा कितनी भयंकर हो सकती है। पूर्वानुमान एवं मॉनिटरिंग की कुछ विद्याएँ जो भारत में अपनाई जाती हैं वह निम्नवत है :–

आई.एम.डी. (IMD):– आई.एम.डी. चक्रवाती तूफान का पता लगाती है एवं विभिन्न साईक्लोन केन्द्रों एवं साईक्लोन वार्निंग संचार द्वारा देश के विभिन्न क्षेत्रों को आगाह किया जाता है।

हुडको (HUDCO):– हुडको भी देश के आपदा–पूर्व प्रबन्धन में भाग लेती है। यह आपदा–नियंत्रक–भवन निर्माण की तकनीकों द्वारा सराहनीय कार्य कर रहा है। आपदा–पूर्व सूचनाएँ मछुआरों को समुद्र में कार्य करने में सहायक होती है क्योंकि उन्हें चक्रवाती तूफान, निम्नचाप व वृहद ज्वार–भाटों की जानकारी मिल जाती है। आपदा पूर्व प्रबन्धन के द्वारा दी गई सूनामी की सूचनाएँ समुद्र तटीय क्षेत्रों के लाखों लोगों को अपने बचने के उपाय करने में सहायक होती हैं।

आपदा–पश्चात प्रबन्धनः– इसके अन्तर्गत केन्द्र सरकार एवं विभिन्न एजेंसियों द्वारा विपदा आने के बाद किए गए रक्षात्मक एवं राहत कार्य शामिल हैं।

कृषि मंत्रालय, केन्द्र सरकार के अधीन शीर्ष एजेन्सी है जिसके अन्तर्गत प्राकृतिक विपदाओं का भार है। केन्द्र सरकार शारीरिक व वित्तीय सहयोग प्रदान करती है। सन् 1990 में एक आपदा प्रबन्धन कोष का गठन राज्य–स्तर पर किया गया। इस कोष का आधार था गत 10 वर्षो (अर्थात् 1988–89 तक) में हरेक विपदाओं के लिए केन्द्र सरकार द्वारा स्वीकृत किए प्रत्येक राज्यों के व्यय। केन्द्र सरकार व राज्य–सरकारों को 75:25 के अनुपात में धन उपलब्ध कराना है।

कहने की आवश्यकता नहीं है कि विभिन्न गैर सरकारी संगठन (NGO) आपदा–प्रबंधन में बढ़–चढ़ कर भाग लेती है। प्राकृतिक विपदाएँ इकोलाजिकल प्रभाव के कारण आती हैं। बाढ़, सूखा एवं भूचाल आदि इन्वायरमेंट को प्रभावित करती हैं। किन्तु हुरीकेन तथा व्रजपात एक छोटे क्षेत्र में होते है एवं उनका इको सिस्टम पर प्रभाव सूक्ष्म होता है। विश्व में प्राकृतिक वृक्षों की हानि विशेषकर जंगलों की हानि प्राकृतिक आपदाओं (भूमिस्खलन व बाढ़) का प्रमुख कारण है। विश्व आपदा रिपोर्ट 1999 दर्शाता है कि हिमालय के उत्तरी–पश्चिमी तराई में गत दस वर्षों में भू–स्खलन बहुत बड़े पैमाने पर हुआ है। इसका मुख्य कारण है कृषि एवं सड़क निर्माण के लिए वृक्षों का काटना।

भूमण्डलीय वार्मिग का प्रभावः– ग्रीन हाउस गैसों के उत्पादन के कारण भूमण्डलीय वार्मिग में वृद्धि होती है एवं इसके कारण आपदाओं के आकार, बारम्बरता आदि में परिवर्तन आता है। भूमण्डलीय वार्मिग के कारण चट्टाने पिघलती हैं जिसके कारण समुद्र तल बढ़ता है तथा तटीय क्षेत्रों में बाढ़ की विभीषिका का खतरा हो जाता है। भारत में

लगभग 5700 कि.मी. में बहुत घनी आबादी वाले तटीय क्षेत्र हैं। अधिकांश तटीय क्षेत्र कृषि के लिए बहुत ही उपजाऊ हैं विशेषकर धान के लिए। भूमण्डलीय वार्मिंग के कारण तटीय ढाँचागत पूँजी, तटीय टूरिज्म एवं तेल की खोज अधिकाधिक प्रभावित होगी।

एक अध्ययन से पता चला है कि यदि समुद्र का स्तर एक मीटर बढ़ता है तो 70 लाख लोग प्रभावित होते हैं एवं 5763 वर्ग कि.मी. का क्षेत्र जोखिम से भर जाता है।

अतः आपदाओं की प्रवृति वातावरण के ह्रास से संबद्ध है जो जंगलों की कटाई और भूमण्डलीय वार्मिंग के कारण होती है। हमें याद रहना चाहिए कि यदि हम प्राकृतिक संसाधनों का आधिकाधिक दोहन करते हैं तो प्रकृति इसका बदला हमसे लेगी, वृहद् चक्रवाती तूफान, सुनामी और भूकम्प आदि द्वारा विनाश से।

भूकम्पः पृथ्वी की सतह में दवाब के कारण चट्टानें टूटती हैं और जब पृथ्वी उन टूटी चट्टानों से होकर घूमती है तो भूकम्प आ जाता है जब पृथ्वी का दबा हुआ भाग टूटता है तो लहरें पैदा होती हैं जो कि टूटे हुए बिन्दु से दूर शक्ति संचालित करती है। भूकम्प की मात्रा की माप रिचेर स्केल द्वारा मापी जाती है। जब रिचर स्केल पर भूकम्प की गति 5 पर होती है तो इसे साधारण भूकम्प कहा जाता है। यदि रिचर स्केल पर भूकम्प की मात्रा 5 से 8 तक होती है तो यह धन व जन का बहुत अधिक मात्रा में विनाश करती है।

भूकम्प के प्रभाव दो प्रकार के होते हैः–

1. मुख्य प्रभाव 2. गौण प्रभाव

मुख्य प्रभाव के अन्तर्गत जमीन का कम्पन तथा कभी–कभी जमीन का एक जगह से दूसरी जगह फिसलना देखा गया है।

गौण प्रभाव के अन्तर्गत आती है बाढ़ व सूनामी। सूनामी एक प्रकार की लहर है जो बहुत तेजी से चलती है अर्थात् 1000 कि.मी. प्रति घंटा।

गुजरात भूचालः– अतिशक्तिशाली भूकम्प जो 26 जनवरी 2001 को गुजरात में आया, गत पाँच दशकों में सबसे अधिक विनाशकारी था। इस भूकम्प का माप रिचर स्केल पर 6.9 था एवं इससे जान–माल की भारी तबाही हुई। एक आकलन के अनुसार इस भूकम्प से लगभग 20000 लोगों की मौत हुई तथा 150000 लोग घायल हुए हैं। सब मिलाकर 159 लाख लोग प्रभावित हुए है। सरकारी आँकड़ों के अनुसार लगभग 4.50 विलियन डालर की आर्थिक क्षति हुई है।

चक्रवाती तूफानः– चक्रवाती तूफान समुद्र के ऊपर की उष्णता एवं उच्च हवा की गति से बनता है। चक्रवाती तूफान प्रशान्त महासागर, हिन्द महासागर व एटलांटिक के उष्णीय तटों से प्रारम्भ होता है। ये तूफान चक्के की तरह घूमते हुए बहुत तेज गति से चलते हैं। इनका अर्द्धव्यास कुछ किलो मीटर तक होता है। उष्णीय चक्रवाती तूफान को हुरीकेन कहा जाता है।

प्रायः चक्रवाती तूफानों द्वारा भवन, कृषि एवं मछली का पकड़ना प्रभावित होता है और हवा की गति पर निर्भर होता है। चक्रवाती तूफान की तीव्रता का अनुमान मेट्रोलोजिकल सूचनाओं द्वारा किया जा सकता है जैसे कि वायु, तापसमुद्र–तट का दवाब आदि।

आपदाओं के प्रकारः–

आपदाएँ दो प्रकार की होती हैं––(1) प्राकृतिक आपदाएँ (2) मानव निर्मित आपदाएँ

(1) प्राकृतिक आपदाएँः– प्राकृतिक संरचना में परिवर्तन के कारण प्राकृतिक आपदाएँ आती हैं। इनके द्वारा बहुत बड़े पैमाने पर जन व धन की हानि होती है जिसकी भरपाई करना असंभव है। जनसंख्या में अधिकाधिक वृद्धि तथा शहरों में रहने की प्रवृति के द्वारा प्राकृतिक आपदाओं में वृद्धि की अधिकाधिक संभावना रहती है। इसका मुख्य कारण है लोगों द्वारा आपदा–पूर्ण क्षेत्रों को कब्जा करके उसमें निवास स्थान बनाना।

सन् 1990 में भारत ने दो बहुत बड़ी आपदाओं का सामना किया। उसमें पहला है सर्वशक्तिमान चक्रवाती तूफान उड़ीसा में और दूसरा है गुजरात में भूकम्प।

सुपर चक्रवाती तूफानः– सुपर चक्रवाती तूफान ने उड़ीसा के समुद्रतटीय क्षेत्रों में 29–31 अक्तूबर 1999 को अपनी विनाश लीला शुरू की जिसकी हवाओं की गति 399 कि.मी. प्रति घंटा थी तथा समुद्रीय लहरें आठ मीटर तक ऊँची उठी थीं। 10000 से ज्यादा लोग मारे गए थे एवं 150 लाख लोग बेघर हो गए थे जिन्हें न तो भोजन मिलता था न रहने की शरण और न ही जल। सुपर चक्रवाती तूफान ने 180 हेक्टेयर कृषि योग्य जमीन को बर्वाद किया, 900 लाख पेड़ों को गिराया तथा इन्फ्रास्ट्रक्चर को बहुत क्षति पहुँचायी।

(2) मानव–कृत आपदाएँः– मानव–कृत आपदाएँ मानवीय क्रियाओं द्वारा जनित होती हैं – उदाहरणार्थ जनसंख्या में असाधारण वृद्धि, जंगलों का काटना एवं भूमि का अत्यधिक दोहन। औद्योगीकरण की तीव्रता के कारण ग्रीन हाउस गैसों के उत्पादन एवं घरेलू जीवन–शैली के परिवर्तन के कारण वैश्विक उष्णता में वृद्धि एवं ओजोन में कमी आती है। इसके कारण वातावरण में प्रतिकूल प्रभाव पड़ता है।

आपदाओं की पूर्व सूचनाः– किसी भी आपदा की पूर्व सूचना अनिष्ट में कमी लाने का एक बहुत ही महत्त्वपूर्ण कारक है। किसी भी आपदा की बारम्बरता के आँकड़ों के आधार पर आपदा के समय की सूचना दी जाती है। वास्तव में यह संभव नहीं है कि आपदा आने के समय का सही–सही आकलन किया जाय। हालाँकि आपदा से हानि का आकलन किसी भी वर्ष के मौसम के आधार पर किया जा सकता है। 1959 के बाद के आँकड़ों तथा परीक्षण के आधार पर यह अनुमान किया जा सकता है कि ट्रॉपिकल चक्रवाती तूफानों का खतरा यूरोप के अटलान्टिक समुद्री किनारों पर ठंड के महीनों में ज्यादा होता है और इसकी पुनरावृत्ति शरद–ऋतु तथा वसंत ऋतु के महीनों में बहुत

कम होती है। किन्तु मौसमी आँकड़ों के आधार पर भूकम्प या ज्वालामुखी चट्टानों जैसे आपदाओं का पूर्वानुमान नहीं किया जा सकता है।

समुद्री तट मानवीय निवास के लिए नहीं हैं किंतु इन जगहों पर बहुत से लोग निवास करते हैं। बंगलादेश में चक्रवाती तूफान प्रतिवर्ष तटीय जनसंख्या को अस्थिर बना देते हैं तथा बहुत लोग काल कवलित हो जाते हैं।

आपदा के अधिकाधिक खतरों का सामाजिक कारण है गरीबी। इसीलिए गरीब लोग ही आपदाओं के शिकार होते हैं।

आपदाओं के खतरों को जनता एवं सरकार द्वारा स्पष्ट रूप से समझ लेना चाहिए क्योंकि इसके सामाजिक तथा आर्थिक प्रभाव हैं। आपदाओं की धमकी एवं उनका विकास तथा उनसे निपटने के लिए उपायों की पूर्व जानकारी द्वारा आपदाओं के खतरों को कम किया जा सकता है।

भू–स्खलनः– पहाड़ों के ढलान पर मिट्टी तथा चट्टानों के हिलने के कारण भू–स्खलन होता है। अक्सर जम्मू और कश्मीर राष्ट्रीय मार्ग, उत्तराखण्ड (बद्रीनाथ, केदारनाथ, गंगोत्री व यमुनोत्री आने के मार्ग में) तथा कंकन क्षेत्र में हम भू–स्खलन देखते हैं।

भू–स्खलन द्वारा गमना गमन, निवास तथा कृषि योग्य भूमि प्रभावित होती है। मानव जीवन में इनके द्वारा बड़ी–बड़ी आपदाएँ आती हैं जिससे बहुतों की मृत्यु हो जाती है। भू–स्खलन का पूर्वानुमान आसान है। अतः भवनों एवं राजमार्गों की सुरक्षा करके क्षति को कम कर सकते हैं।

भू–स्खलन के कारणः– अतिवृष्टि, ढलान की समाप्ति, भूकम्प, वनों की समाप्ति आदि भू–स्खलन के प्रमुख कारण हैं।

भू–स्खलन के प्रभावः– सबसे खराब भू–स्खलन 1985 में कोलम्बिया में हुआ जिसमें 23000 लोग मरे तथा आर्मेरो का पूरा शहर मिट्टी में दब गया।

भू–स्खलन के साथ बाढ़ या मिट्टी का प्रवाह होता है जिससे लोग बे–घर हो जाते हैं एवं संचार व्यवस्था चौपट हो जाती है और आवश्यक सामाग्रियों की पूर्ति बाधित हो जाती है। लोगों के पुनर्वास की लागत एवं वित्तीय प्रबन्धन प्रत्येक क्षेत्र में अलग–अलग होता है।

रूस, कनाडा, यू.एस.ए., जापान, चीन, आस्ट्रिया, श्रीलंका, थाईलैण्ड, फिलीपाइन्स, दक्षिणी अफ्रीका, डेनमार्क, एक्वेडर तथा स्पेन आदि देश चट्टान फिसलने के आदी हैं।

संवेदनशील क्षेत्रों में रहने वाले लोगों को यदि पहले से आगाह कर दिया जाय तथा उन्हें सुरक्षित जगहों में भेज दिया जाय तो भू–स्खलन से हुए नुकसान को बहुत कम किया जा सकता है।

भू–स्खलन के बचाव के लिए वनों की कटाई को रोकना, दीवारें बनाना, वृक्षों का लगाना एवं जल–बहाव के लिए नालियों का निर्माण आदि बहुतेरे उपाय हैं।

सामाजिक मुद्दे एवं पर्यावरण (Social Issues and Environment)

डैम का निर्माण (Construction of Dam):— जल एक महत्त्वपूर्ण प्राकृतिक स्रोत है। मानव समाज के लिए जल एक महत्त्वपूर्ण नैसर्गिक वरदान है। डैम, जल संसेचित करने का एक अवरूद्ध है। यह बाढ़ नियंत्रण के लिए तथा जल संचय करने के लिए बनाया जाता है। डेम विद्युत उत्पादन, सिंचाई के लिए अनेक नदियों को बांध कर बनाया जाता है। अनेक क्षेत्र में जल की कमी 21 प्रतिशत से 63 प्रतिशत तक पायी जाती है। जल स्रोत प्लानिंग आधुनिक खोज है। पूर्व में छोटे–छोटे डेम का निर्माण सिर्फ बाढ़ नियंत्रण, सिंचाई और घरेलू आवश्यकताओं की पूर्ति के लिए होते थे। अभी डेम निर्माण, जल विद्युत उत्पादन के लिए ही सोचा जा रहा है।

पूर्व ब्रिटिश राज्य के पहले जल स्रोत प्रबन्ध या व्यवस्था स्थानीय जरूरतों के मद्देनजर किये जाते थे। ब्रिटिश सरकार के आने पर जल और दूसरे प्राकृतिक संसाधनों का प्रबन्ध सरकार द्वारा नियंत्रित होने लगे। इसके साथ ही पाश्चात्य तौर–तरीके अपनाये गए जिसके फलस्वरूप स्थानीय तौर तरीके खत्म हो गए और समाज द्वारा सामुहिक रूप से किये जाने वाले नियंत्रण की प्रक्रियाएँ समाप्त हो गईं। इस तरह से अभी हम वैज्ञानिक तौर–तरीके अपनाने की सोचते और नदी के जल को सतह का जल स्रोत माना गया। इसी सतह जल स्रोत को नियंत्रित कर संसेचित कर उसका उपयोग विभिन्न आवश्यक्तानुसार होने लगा, जो पानी समुद्र में चला जाता है उसको बेकार माना जाता है। 1996 में भारत सरकार द्वारा निर्मित राष्ट्रीय कमिशन गठित की गई और गंगा कावेरी और ब्रह्मपुत्र नदियों को जोड़ने की योजना बनी और हिमालय से निकलने वाली नदियों का सदुपयोग विद्युत उत्पादन कार्य के लिए निश्चित किया गया, परन्तु अत्यधिक खर्च को मद्देनजर रखते हुए यह निर्णय लिया गया कि यह आर्थिक रूप से सम्भव नहीं है। कुछ बड़े डेम भारत की लम्बी–लम्बी नदियों में बनाए गए। जैसे –

(1) **भाकड़ा नांगल–** यह स्वंत्रता प्राप्ति के बाद निर्मित हुआ जिसको जवाहर लाल नेहरू ने आधुनिक मंदिर की संज्ञा दी।

(2) **हीरा कुण्ड डैम–** यह उड़ीसा में महानदी पर बाँधा गया।

(3) **सरदार सरोवर प्रोजेक्ट–** इस प्रोजेक्ट में नर्मदा नदी पर अनेक डैम निर्मित हुए।

(4) **तेहरी डैम–** यह उत्तर प्रदेश में भागीरथी नदी पर बना है।

मनुष्य ने जल–विद्युत ऊर्जा को सबसे बड़े ऊर्जा स्रोत के रूप में मान्यता दी है जो एक (RENEWABLE ENERGY) पुनर्स्थापन सम्भव ऊर्जा स्रोत है। इसके फलस्वरूप विश्व के अनेक देश बड़े पैमाने पर

डैम निर्माण कार्य में लगे हुए हैं। भारत जैसे देश भी डैम निर्माण भारी लागत में करने के लिए तैयार हो गया। यह न केवल देश के लिए गौरव की बात है परन्तु उस क्षेत्र विशेष के पर्यावरण में असंतुलन पैदा हो गया। भारत अब विश्व में डैम निर्माण क्षेत्र में दूसरा स्थान प्राप्त किया है जिसके चलते पर्यावरण की अनेक समस्याओं को झेलना पड़ रहा है। यह पाया गया कि न केवल उस जंगल के पेड़–पौधे और जीव जन्तुओं को नुकसान पहुँचा है बल्कि नदियों के दोनों तटवर्त्ती क्षेत्र भी बुरी तरह प्रभावित हुए।

बड़े विशाल डैमों की समस्यायें:– विशाल एवं रिजर्वायर का पर्यावरण पर गंभीर प्रभाव पड़ता है जो निम्नलिखित हैं:–

(अ) जल प्रवाह की कमी के कारण जमीन की सतह पर पानी कम होना।

(आ) प्राकृतिक नलियों के खराब हो जाने से जल का जमाव और जमीन नमकीन हो जाता है।

(इ) हिमालयन क्षेत्र जैसे – भूकम्प प्रभावित इलाकों में सुशुप्त पड़े हुए दरार पुनः सक्रिय हो जाते हैं।

(ई) बायोडायवरसिटी का अंत हो जाना।

(उ) जंगल उजड़ जाना।

(ऊ) जल की गुणवत्ता में कमी होना।

(ए) जलवायु परिवर्त्तन के साथ बीमारियों का फैलाव होना।

(ऐ) डैम से बाढ़ आने का खतरा रहता है।

(ओ) डैम से प्रभावित क्षेत्र के नदियों के जल से मिलने वाले खनिज पदार्थ तथा पौष्टिक तत्व में भारी कमी आ जाती है। इसके चलते कृषि, मछली पालन और निचले इलाकों में रहने वाले लोग प्रभावित हो जाते हैं।

The human cost of Dam मानव जीवन पर डैम के प्रभावः– सबसे गम्भीर प्रभाव जो डैम से मानव जीवन पर पड़ता है वह देश के उन विस्थापितों के जीवन में परिलक्षित होता है। ये लोग इस तरह के विकासकारी योजनाओं के कारण विस्थापित होते हैं। अफसोस की बात तो ये है कि इसका दुःखद परिणाम का फल गरीब परिवार या गाँव के लोगों पर पड़ता है, जबकि इसका लाभ धनवानों को मिलता है जिनमें बड़े किसान, उद्योगपति शहरीय बासिंदे आदि। जटिल तकनीकी सुविधा के अभाव के कारण मानवीय और सामाजिक तौर पर होने वाली हानियों की गिनती या कल्पना असम्भव है यह बड़े दुर्भाग्य की बात है, जिन लोगों पर दुष्परिणाम पड़ता है वे भविष्य में इन हाईड्रोइलेक्ट्रीक प्रोजेक्टस से होने वाले लाभ प्राप्त करने वाले लोग नहीं होते। योजना एवं प्रोजेक्टस बनाने वालों के तौर–तरीकों से जो लोग प्रतिकूल रूप से प्रभावित होते हैं वे गाँव के रहने वाले गरीब और उनके गाँव होते हैं। ये वे लोग हैं जो देश के सपनों को साकार करने में अपना बलिदान देते हैं और दुनियाँ के अन्य लोगों के जीवन स्तर ऊँचा करने में सहयोगी होते हैं। देश का लक्ष्य उनके लिए इतना ज्यादा महत्त्वपूर्ण होता है जिसके लिए अपना सर्वस्व निधवर करने के लिए तैयार हो जाते हैं।

Displacement and its effect on Tribals ट्राईबल्स पर विस्थापन का प्रभावः– यह अनुमानित आँकड़ा प्राप्त किया गया जिसके अनुसार देश के करीबन 15 से 30 मिलियन लोग विस्थापित हो चुके हैं। इनमें ज्यादातर लोग एक या अनेक विकासकारी योजनाओं के कारण विस्थापित हुए हैं। जो भी कि ये लोग समाज के विभिन्न स्तर के होते हैं लेकिन उनमें से ज्यादातर आदिवासी ही होते हैं। डैम का निर्माण वैसे स्थानों पर होता है जहाँ आदिवासी कई सदियों से बसते आ रहे हैं। यह भी देखा गया है कि सभी विस्थापित लोग आदिवासी ही हैं जो गुजरात जैसे देश में जलविद्युत परियोजना याने कर्जन और सुखी। उड़ीसा के वालीमेला परियोजना में करीबन 98 प्रतिशत आदिवासी

और 96 प्रतिशत कोलार डैम के केश में देखा गया समय लोग यह ध्यान नहीं रखते कि कितने उस क्षेत्र के बासिंदे बेघर हो जायेंगे या कितने अपने सम्पति से हाथ धो बैठेंगे। प्रारम्भिक अवस्था में प्लानिंक में यह बात स्पष्ट रूप से दर्शाया नहीं जाता है कि इन विस्थापितों को संतोषजनक क्षतिपूर्ति दी जा रही है अथवा नहीं।

सरकार की गति–विधि में परिवर्त्तनः–स्थानीय सरकार एवं जनसाधारण के सशक्तिकरण के लिए सरकार की गति–विधियों में परिवर्त्तन आया है। एक विशेषज्ञों के दल ने इस तरह की योजनाओं के पुनरावलोकन और टेहरी प्रोजेक्ट के पुनर्स्थापन की दिशा में सरकारी कार्य वृत्तियों का उदाहरण प्रस्तुत किया है। सरकार ने इस बात की जरूरत को समझा है कि विस्थापित लोगों की सुरक्षा, उनका पुनर्स्थापन्न और पर्यावरण संबंधित बातों को मद्दे नजर रखते हुए अगुओं को स्वच्छता प्रदर्शित करना चाहिए। हमारे देश में भी इस संबंध में सफलता प्राप्ति के कई उदाहरण हैं। मध्य प्रदेश के कई गरीब जिलों में राजीव–गाँधी मिशन के अन्दर जन साधारण द्वारा जल उपयोग में गंम्भीरता दिखाया है जो जमीन की सतह से नीचे के पानी के उपयोग में तथा लोगों के कल्याण में आशातीत बढ़ोतरी का प्रमाण दिया है। हमारा उद्देश्य विकास योजना के प्रभावित लोगों को दोषी नहीं ठहराना परन्तु उनको उपयुक्त संस्थागत तरीके द्वारा सशक्त बनाना है और उन्हें सहयोग प्रदान करना है कि वे योजना कार्यान्वयन के वक्त सफलता हासिल करें। मध्यप्रदेश में नवनिर्मित पंचायत ने स्थानीय सहयोगिता उपलब्ध करने में महत्त्वपूर्ण रोल अदा किया है जिससे काम में सहुलियत हासिल हुई है तथा निर्णय लेने में स्थानीय लोगों का सहयोग मिला है। यह जरूरी समझा जाता है कि अधिकार तथा आर्थिक जिम्मेदारी का विकेन्द्रीयकरण हो जिसकी सफलता के लिए एक सक्रिय स्थानीय प्रशासन का होना जरूरी है।

उदाहरण के तौर पर – कि झाबुआ जिले के अन्तर्गत राजीव–गाँधी वाटर शेड मिशन लाभदायक सिद्ध हुआ है। यह न केवल पर्यावरण

बल्कि गरीब स्तर पर भी इसका असर पड़ा है। स्वयं सहायता समूह (SHG) ने इस दिशा में अपना निर्णय लिया है।

राष्ट्रीय नीति का अभाव (Lack of National Policy) पुनर्वास पर राष्ट्रीय नीति के अभाव में जनसाधारण और सरकारी व्यवस्था के बीच में एक अविश्वासपूर्ण परिस्थिति उत्पन्न हो गई। भारत में आजादी के समय से ही बहुत प्रकार विस्थापन की समस्याएँ होने के बावजूद भी कोई ठोस राष्ट्रीय नीति निर्धारित नहीं की गई है।

नर्मदा के सरदार सरोवर प्रोजेक्ट में कार्यालयी रेकार्ड के मुताबिक सिर्फ 5 प्रतिशत विस्थापित जनजाति के लोग दर्शाये गए हैं जो कि वास्तव में सभी विस्थापित लोग जनजाति ही है, फिर भी 2007 में राष्ट्रीय पुनर्वास एवं पुनर्स्थापन्न नीति जो भारत सरकार द्वारा एलान किया गया है, और अभी जो सभी राज्यों को अपनी–अपनी नीति निर्धारित करना है, जो कि विस्थापितों को सुरक्षा प्रदान करना है। इसलिए प्रोजेक्ट शुरू करने से पहले विस्थापितों, विस्थापन और पर्यावरण समस्याओं का समाधान और कार्यान्वयन होना चाहिए। किसी भी योजना के शुरू करने के पहले स्थानीय जनता की सुनवाई एक अनिवार्य शर्त होनी चाहिए।

संसाधन उपयोग ढाँचाः– किसी भी क्षेत्र के विकास के लिए उपयुक्त योजना की जरूरत पड़ती है। उपलब्ध प्राकृतिक संसाधनों को बरकरार रखते हुए उस क्षेत्र में सर्वे का काम होना चाहिए। उस क्षेत्र के प्राकृतिक संपदा का उपयोग समुचित रूप से होना चाहिए। स्थायी पर्यावरण संसाधनों के समुचित उपयोग पर निर्भर करता है जिसके विकास के लिए वर्त्तमान में उपभोग की रफ्तार को आधार मान कर चलना चाहिए। इसलिए सबसे पहला कदम यह होना चाहिए कि इन अध्ययनों या मॉडेल, हमारे उपभोग के आधार पर हो।

किसी भी क्षेत्र का अवलोकन वहाँ होने वाले अनेक प्रकार के कार्यकलाप में कुछ न कुछ संसाधन का उपयोग जरूर होता है जो

दूसरे संसाधन पैदा करता है और कुछ न कुछ गन्दगी छोड़ता हैं। संसाधनों का उपयोग साधारण बात है क्योंकि दूसरी तरह की गति विधियाँ पैदा होती हैं। विभिन्न प्रकार के बदलाव निम्नलिखित हैः–

- एक मामूली परिवर्त्तन जो संसाधन पैदा करता है जैसेः– खाना बनाने वाला चूल्हा (जो जल रहा हो) जो संसाधन उपयोग किया जाता है वह जलावन लकड़ी है और उससे ऊर्जा (गर्मी) उत्पन्न होती है, जिससे खाना पकता है और कार्बनडायोक्साइड पैदा होता है जो हवा का आधारभूत संसाधन है।
- वह साधारण परिवर्त्तन जिससे कचड़ा निकलता है जैसेः– धोने की क्रिया से। यहाँ पानी और वाशिंग पाऊडर संसाधन के रूप में इस्तेमाल होते हैं और उससे जो गन्दगी निकलती है वह गन्दा पानी है।
- काशकेडेड यूसेज जैसेः– कृषि कार्य में जो संसाधन इसमें इस्तेमाल होते हैं वे जमीन, पानी, ऊर्जा, बीज, उर्वरक खाद, कीट नाशक दवा आदि हैं जो इसमें पैदा होते हैं वे सेरियलस, कृषि कार्य के दौरान हुए कचड़े, गन्दे पानी, मिट्टी आदि।
- जो कुछ भी उपयोग होता है उसका अध्ययन होना चाहिए न केवल विभिन्न तरह के कार्य कलाप का अध्ययन लेकिन प्राकृतिक संसाधनों के उपयोग करने का कुछ ठोस नियम रहना चाहिए। बहुत से कार्यकलापों में संसाधन इस्तेमाल होते हैं जैसे :– जमीन, पानी, हवा, (ऑक्सीजन, कार्बनडायोक्साइड, नाईट्रोजन आदि) जो वायो संसाधन हैं, ऊर्जा, खनिज पदार्थ, मछली आदि। ये अधिकत्तर पुनरविकसित किये जा सकते हैं या ये कम किये जा सकते हैं। कोयला जैसे पुनर्विकसित नहीं होने वाले संसाधनों में तेल, पेट्रोलियम तथा अनेक प्रकार के खनिज पदार्थ ये सभी प्राकृतिक देन हैं और ये सीमित मात्रा

में होते हैं। इनका इस्तेमाल औद्योगिक उत्पादन में करने से उपलब्ध संसाधन में कमी होती जाती है। इसलिए यह आवश्यक है कि इनका उपयोग समुचित रूप से होना चाहिए। पुनरविकसित होने वाले संसाधन वे है जो एक साल के अन्दर फिर से विकसित हो जाते हैं उदाहरण के लिए, जैसे पानी, हवा, सौर ऊर्जा आदि। पुनरविकसित होने वाले ऊर्जा निम्नप्रकार से श्रेणी बद्ध किये जा सकते हैं।

- **Autonomous Regenerative Resources**:- जो संसाधन स्वतः ही उत्पादित होते है– इन संसाधनों का पुनरविकास प्रकृति पर निर्भर करता है तथा जलवायु का प्रभाव इन पर असर करता है। मानवीय हरकतों जैसे–खेती, यातायात, औद्योगिक और घरेलु कामकाज आदि।
- **Consumption of Dependent Renewable (Regene-ration) Resources**:- इन संसाधनों की मात्रा उनके उपयोग के ऊपर निर्भर करता है। उदाहरण के तौर पर कि –बयोमास की उत्पादकता इस पर निर्भर करता है कि हम लकड़ी कितने परिमाण में जलाते हैं जिससे जंगल उजड़ता है। इस केस में वार्षिक विकास बयोमास की खपत पर निर्भर करता है। अगर खपत कम होती है तो वार्षिक विकास में वृद्धि होती है नहीं तो उपलब्ध संसाधन में कमी होती है। इसी प्रकार की स्थिति उस नदी के समान होती है जिसका बहाव घट जाता है जिसके फलस्वरूप समुद्र का खारा पानी उल्टा बहने लगता है जो कि आम आदमी के व्यवहार को प्रभावित करता है।
- **Pollution based classification**:- औद्योगिक संस्थाओं और नगर निगम द्वारा नदी में फेंके गए कूड़े–कचड़े के कारण पानी की गुणवत्ता पर प्रतिकूल प्रभाव पड़ता है जो कि आस–पास के क्षेत्रों में इसकी उपलब्धि की कमी हो जाती है

तथा इससे स्वास्थ्य की समस्या आ जाती है। कारगर रोक थाम की कार्रवाई होनी चाहिए जिससे प्रदूषण पर नियंत्रण रखा जा सके तथा सख्त कानूनी कार्रवाई होनी चाहिए ताकि प्रदूषण फैलाने वाली एजेन्सी इसके प्रति सजग हो जाएँ, जन साधारण का हस्तक्षेप भी प्रदूषण नियंत्रण सहभागी बन सके।

- **Consumption based classification**:- पुनरस्थापित होने वाले संसाधन अच्छे और कारगर योजना एवं प्रबंधन नीति पर निर्भर करते हैं। संसाधनों के खपत में सीमा होनी चाहिए ताकि उनकी उपलब्धता और गुणवत्ता बनी रहे।

- **Need for equitable distribution of resources**:- महात्मा गाँधी ने यह पाया कि "दुनियाँ के पास हर व्यक्ति की जरूरत के अनुसार प्राकृतिक संसाधन उपलब्ध है परन्तु प्रत्येक व्यक्ति के लालच के लिए नहीं"।

भारत जैसे प्रजातंत्र देश के लिए यह जरूरी है कि समाज में समानता रहे तथा प्रजातंत्र में ईमानदारी पूर्वक सबका सहयोग एवं सहभागिता बनी रहे। सहभागीतापूर्ण प्रजातंत्र में सब को जानकारी मिलनी चाहिए प्रत्येक व्यक्ति समान सक्षम रहे। इस गम्भीरता पर कोई प्रकार का शक–संदेह नहीं होना चाहिए। इसमें कोई शक नहीं कि आर्थिक राजनैतिक समानता में पारस्परिक संबंध रहना चाहिए। संसाधनों के उपभोग में समानता होनी चाहिए जो कि संसाधनों के उपयोग में बेहत्तर अनुशासन रहे। लेकिन यह याद रखने की बात है कि समानता संसाधनों के उपयोग में प्रथम स्थान रखता है परन्तु संसाधनों की खपत में नियंत्रण रखने के लिए जागरूकता जरूरी है। समानता की जानकारी एवं नियंत्रण पर्यावरण सुरक्षा का मूल मंत्र होना चाहिए। समानता इस बात में है कि हम समान व्यवहार का सिद्धान्त असमान जगत से हट कर करते हैं। यदि हम समानता की एक ईकाई से आरम्भ करते हैं तो समानता का अर्थ असमान व्यक्तियों

के साथ समान व्यवहार करें। अभी यह महत्त्वपूर्ण सवाल है कि राष्ट्रीय स्तर पर कैसे सामाजिक विशेषताएँ पनप सकती हैं। यह सवाल आज बहुत ही विशेष स्थान रखता है इसलिए कि आज का समाज अनेक मनुष्य जातियों का समागम है। इस सवाल का उत्तर ये है कि मनुष्यों के बीच इस पृथ्वी पर वैसा समाज तभी पनप सकता है जब सांसारिक जीवन में मनुष्यों के बीच आपसी समानता की भावना सभी सांसारिक विभिन्नताओं से बढ़ कर के स्थापित हो जाए। जातीय विभिन्नता के प्रति समानता की भावना का एक दार्शनिक विचार पर्यावरण संतुलन कायम करने के लिए एक स्थाई उपाय है।

इस तरह पर्यावरण व्यवस्था में समानता एवं प्राकृतिक संसाधनों के उपयोग में नियंत्रण स्थापित करने के लिए जागरूकता जरूरी है। हमने इस पर भी जोर देकर कहा है कि भारत और अन्य विकासशील देश विकसित देशों की नकल न करें। इस का यह अर्थ नहीं कि हम आर्थिक विकास नहीं चाहते हैं परन्तु यहाँ आर्थिक विकास के लिए एक उचित रास्ता अपनाने का सवाल है, एक ऐसा गुणवत्तापूर्ण विकास, जिसकी हम कल्पना करते हैं। बहुत से अन्य देशों की तरह नहीं। परन्तु भारत ने ऐसा आर्थिक मॉडल अपनाया है जो विकास की रफ्तार को काबू में रखा है। अनियंत्रित आर्थिक विकास पर्यावरण में प्रतिकूल प्रभाव डालता है। यही तो आज हमारे लिए समस्याओं की जड़ है। इसमें कोई संदेह नहीं कि भारत के अधिकत्तर लोगों को ज्यादा अनाज, पानी, बेहत्तर शौच व्यवस्था, बेहत्तर शिक्षा और बेहत्तर आर्थिक स्थिति की जरूरत है। आर्थिक विकास की दिशा में यह जरूरी है कि प्राकृतिक संसाधन के बेहत्तर उपयोग और अधिक से अधिक मात्रा में प्रकृति संसाधनों की जरूरत अधिक से अधिक लोगों तक पहुँचायें। यह भी सच है कि प्राकृतिक संसाधन सीमित मात्रा में हैं और इसलिए संसाधनों का उपयोग जरूरतों के अनुरूप हो। उदाहरण के तौर पर हम कह सकते है कि भारत में प्रति व्यक्ति

वार्षिक जल उपलब्धता में 5 हजार 2 सौ 36 घन मीटर (5236 cubic meter) 1991 से घटकर 2227 घन मीटर 1991 में हो चुका है। जनसंख्या वृद्धि में उचित दर पर होने की आशा होते हुए भी यह अनुमान किया जाता है कि 2013 ई0 तक में वह घटकर 1555 घन मीटर हो जाएगा। इस तरह हम देखते हैं कि पानी की समस्या जमीन की समस्या से अधिक हो जाएगी। इसमें अतिश्योक्ति नहीं है कि वर्त्तमान स्थिति में करीब 80 प्रतिशत आबादी को स्वच्छ जल की प्राप्ति नहीं है और करीब 175000 गाँवों में पानी की किल्लत है। इसलिए भविष्य को देखते हुए आर्थिक विकास की योजनाएँ निश्चित करनी चाहिए।

इसके अलावा सीमित जल व्यवस्था जिसका अंधाधुंध प्रदूषण किया जाता है, यह अनुमान किया गया कि 70 प्रतिशत सतह का पानी औद्योगिक प्रक्रियाओं के द्वारा निर्गत गन्दे पानी के द्वारा तथा शहरीय नलियों से निकलने वाले गन्दे पानी द्वारा प्रदूषित हो जाता है। भारत की गरीब जनता विशेष कर महिलाएँ एवं बच्चे बायोमास के दूषित धुँए से प्रभावित होकर रोग ग्रस्त हो जाते हैं। जिस पर भी गाँव के लोग बायोमास इकट्ठा करने में ज्यादा समय गँवाते हैं।

वास्तव में जल जंगल और जमीन के पैदावार में बढ़ोत्तरी की बहुत सम्भावना बनी रहती है। आर्थिक पिछड़ापन और निम्न स्तर की आय जो संबंधित तकनीकी अपनाने में बाधक सिद्ध होते हैं। इस तरह हम देखते हैं कि यह उपयुक्त समय आ गया है। जबकि समुचित प्रयास द्वारा आधुनिकतम तकनीकी का इस्तेमाल करना अति आवश्यक है जिससे कि संसाधनों का कारगर उपयोग किया जा सके। विकसित किये गए तकनीकी के इस्तेमाल से संसाधनों के समुचित वितरण में समानता स्थापित हो सके। जनसंख्या वृद्धि में कमी आय वृद्धि को सही रफ्तार में नियंत्रित करेगी।

Need for gender equity:- यह एक जैविक विज्ञान है कि बहुत से जीवित प्राणी नर एवं मादा के रूप में जन्म लेते हैं और उनके बीच में शारीरिक असमानताएँ होती है विभिन्न संस्कृति के मिश्रण के चलते भी उनके लिंग भेद में समानता नहीं पायी जाती है।

महिलाएँ विश्व की आबादी का आधा भाग होती हैं। सबसे अधिक आधारभूत कारण यह होता है कि अब हम पर्यावरण के रख–रखाव की बात करते हैं तो सबसे ज्यादा लिंग भेद (gender) की बात सोचते हैं। लिंगभेद प्राकृतिक संसाधन और जीवनयापन व्यवस्था में घनिष्ठ संबंध हैं। सभी प्राकृतिक संसाधनों के रख–रखाव उनके इस्तेमाल, पुनर्स्थापन जैसे जल, जंगल जमीन जो एक दूसरे के साथ जीवनयापन प्रणाली और लिंग भेद से जुड़े हुए हैं। जल जंगल एवं जमीन का रख–रखाव भी लिंग भेद से संबंधित है। इस तरह जब हम पर्यावरण की बेहत्तर रख–रखाव की सोचते हैं तो लिंगभेद के महत्त्व को समझना जरूरी है। उदाहरण तौर पर कि – जैसे कि बड़े शहरों के म्यूनिसिपैलिटी म्यूनिसिपल गारवेज सिस्टम की सोच नही सकते बिना यह देखे कि महिलाओं द्वारा कितना कूड़ा–कचड़ा पैदा किया जाता है। दूसरा उदाहरण यह है कि बंगलोर में यातायात की समस्या में एक नाटकीय बदलाव आया जब अधिकत्तर काम–काज महिलाएँ दुपहिये का इस्तेमाल करती हैं क्योंकि यातायात व्यवस्था खराब रहती है। इसके फलस्वरूप वाहन–प्रदूषण में वृद्धि हुई। सामुदायिक ऊर्जा जो बायोगैस से संचालित होता है उसका वैकल्पिक प्रयोग होता है तथा प्रकाश के लिए, पंप द्वारा जल प्रवाहित करने, भोजन पकाने के लिये वायोमास गैस का उपयोग आदि जो महिलाओं के द्वारा ही होता है। पर्यावरण व्यवस्था में दूसरा सबसे महत्त्वपूर्ण एवं विश्वसनीय तर्क यह है कि लिंगभेद विश्लेषण पूर्व निर्धारित नीति निर्धारण तथा प्रबंधन नीति निर्धारण में प्रगतिशील बदलाव लाया जा सकता है। उदाहरण स्परूप कि यदि हम बेहतर विकसित चूल्हे का इस्तेमाल की बात सोचते हैं तो इसकी भावी उपयोगिता को मद्देनजर रखते हुए महिलाओं

की सहभागिता हो सकती है यहाँ तक कि एक वैज्ञानिक द्वारा भी इसकी उपयोगिता को समझा जा सकता है और लिंगभेद द्वारा इसके भावी विकास को बढ़ावा दिया जा सकता है। इस तरह हम देखते हैं कि भारतीय नारी ने पर्यावरण व्यवस्था के रख–रखाव में अपना बहुत बड़ा योगदान दिया है। चिपको मूममेन्ट जो उत्तर भारत में चलाया गया अब उसका असर कैलिफोर्निया में भी प्रतिबिम्बित हुआ। श्रीमति मेघा पाटेकर द्वारा नर्मदा बचाव आंदोलन चलाया गया। जब–जब जल, जंगल एवं जमीन, जैसे प्रकृति संसाधन पर विपत्ती हुई है तब–तब महिलाओं ने आंदोलन में सक्रिय भूमिका अदा की हैं। यहाँ यह चर्चा करने योग्य बात है कि हाल में उड़ीसा की जनजाति महिलाओं ने जंगल बचाने के लिए अग्रगामी पार्ट अदा किया है जिसमें उन्होंने स्थानीय जंगल अधिकारियों का भी सहयोग लिया।

इस तरह हम देखते है कि पर्यावरण व्यवस्था के मामले में इस तरह के महत्त्वपूर्ण स्टेक होल्डरों को नजरअन्दाज नहीं किया जा सकता है।

वास्तव में पर्यावरण व्यवस्था में अनेक क्षेत्र जैसे – ऊर्जा, शहरीय मकान निर्माण, सिंचाई, जंगल, उद्योग, इन्फ्रास्ट्रक्चर आदि समिलित हैं। बहुधा लिंगभेद की अवहेलना की जाती है और हम भविष्य की गतिविधियों को देख नहीं पाते कि महिलायें पर्यावरण परिवर्त्तन का असर महिलाओं पर कितना पड़ता है। इस सच्चाई को कोई झुठला नही सकता कि महिलाएँ मानव आबादी का आधा हिस्सा होती हैं। आबादी के विश्लेषण में लिंगभेद को नजरअन्दाज नहीं किया जा सकता है।

Energy Production and Trade उत्पादन के लिए उर्जा एक महत्त्वपूर्ण संसाधन है फिर भी यह एक उपेक्षित संसाधन है।

हम सभी जानते हैं कि पेट्रोल और प्राकृतिक गैस सारे विश्व के लिए जरुरी है परन्तु ज्यादा दिनों के लिए नहीं है। कुछ ही दशकों

तक चलेगा और उसी तरह कोयला भी अगले कुछ सदियों तक चल सकता है। ऐसा तभी संभव है जब उपभोग करने की वर्तमान दर में कोई बढ़ोतरी न हो।

आज यदि हम उर्जा उत्पादन के तौर तरीकों का अवलोकन करें तो यह समझ में आयेगा कि विश्व की उर्जा उत्पादन क्षमता 30 प्रतिशत मात्रा है इसमें वर्षा की सम्भवना बहुत अधिक है। बिजली उत्पादन के साथ–साथ गर्मी और उर्जा का संयुक्त प्रयोग भी बहुत ही सक्षम समझा जाता है। इसी प्रकार से भारत में बायोगैस उत्पादन और इसका बिजली उत्पादन में ग्रामीण स्तर पर उपयोग किया जा सकता है जिससे उर्जा उत्पादन में सहायक साबित हो सकता है। विश्व के वायु विद्युत क्षमता प्रति वर्ष 20–50,000 टी. डबल्यू एच (Twh/Year) अनुमानित है जो 1990 में विश्व भर में बिजली उत्पादन का 2–5 गुणा है।

वायु विद्युत को महत्त्वपूर्ण स्थान दिया जा रहा है क्योंकि उत्पादन सर्च की कमी तेजी से हो रही है। भारत में फोटो मोल्टाईक्स की रफ्तार में कमी आ गई है। सूर्य की रोशनी की भरपूर मात्रा मिलने के बावजूद भी ऐसी स्थिति हो गई। भारत के दूर–दराज देहाती क्षेत्रों और पहाड़ी क्षेत्रों में जब कि पावर ग्रिड की पहुंच भी है। छोटे पैमाने में इस तरह के सौर उर्जा से पैदा कर विद्युत का प्रयोग बहुत ही अच्छा और लाभदायक सिद्ध हो रहा है।

जब कि बिजली उत्पादन में विकास होना चाहिए परन्तु उसके उपयोग भी सही होनी चाहिए। औद्योगिक तथा यातायात में बिजली का उपयोग को आदर्शपूर्ण बनाना चाहिए।

रिपब्लिक चीन ने उर्जा खपत में बहुत कमी की है उसने स्टील उत्पादन में उर्जा की वर्तमान खपत को 20 प्रतिशत कम कर दिखाया है उसके स्टील प्लान्टस भी छोटे पैमाने पर हैं जिनमें वह कम खर्च वाले पूंजी और निम्न श्रेणी के कोयले का प्रयोग तथा पाउडर बनाये

गए लोहे के चूर्ण का प्रयोग किया है। लोहा और स्टील उद्योग उन पांच उर्जा आधरित उद्योगों में से एक है दूसरे पैट्रोलियम रिफाइनिंग, केमिकल्स, सीमेन्ट, पल्प और पेपर, अल्युमीनियम ये पांच औद्योगिक उर्जा का 45 प्रतिशत उपभोग करते हैं। उद्योग और दूसरे भारतीय वित्त सेक्टरस के लिए यह जरुरी है कि ऐसा आन्तरिक या ऐसा विश्वसनीय तकनीक अपनाना चाहिए ताकि संसाधनों पर दबाव कम से कम पड़े। इसका अर्थ यह भी हो सकता है कि संसाधनों का पुनर्स्थापन पुनःप्राप्ति या उत्पादन की नयी तकनीक और संसाधनों का सदुपयोग।

हाल में भारत ने ब्यूरो फोर एनर्जी (BEE) का उद्घाटन कर इस विषय को मद्देनजर रखते हुए एक नया पहल किया है जो मिनिस्ट्री ऑफ पावर के अधीन है। अब वे रेफ्रिजरेटर आदि की तरह 3 स्टार या 5 स्टार एनर्जी एफीसियेन्ट गजेट्स नाम दे रहे हैं। इसके बाद वे उर्जा खपत के आधार पर चार चकिया वाहनों की श्रेणीकरण पर विचार कर रहे हैं।

सौभाग्य की बात है कि हमारा देश पुनः नवीनीकरण की संभावना वाले और पुनः नवीनीकृत नहीं होने वाले दोनों ही तरह के संसाधनों वाला है। कोयला, तेल और प्राकृतिक गैस व्यवसायिक उर्जा है। उर्जा सेक्टर सार्वभौमिक, वित्तविकास और उच्च जीवन स्तरीय विकास में महत्त्वपूर्ण रोल अदा कर रहा है।

इन विकासों का सीधा संबंध पर्यावरण समस्याओं से है जो सारे विश्व के देशों के सामने चुनौती हैं इसलिए हम लोग एक ऐसे चौराहे पर खड़े हैं जहां पर हमें उर्जा उपभोग और वित्त विकास के बीच संतुलन स्थापित करना है।

भारत सरकार के उर्जा नीति विभाग का उद्देश्य निम्न प्रकार है–

1. कम से कम खर्च में उर्जा उपलब्धि

2. उर्जा उपलब्ध कराने में स्वावलम्बन
3. उर्जा उपभोग के कारण उत्पन्न प्रतिकूल प्रभाव से सुरक्षा।

सरकार के उदारीकरण की नीतियों ने बाहरी विदेशी एवं निजी निवेशकों को उर्जा क्षेत्र में प्रवेश करने की भारी छूट दे रखी है।

उदाहरण के लिए – कि 'एनरोन' एक अमेरिकी कम्पनी ने 'धवोल प्रोजेक्ट' महाराष्ट्र में स्थापित कर लिया है। मिस्टर अनिल अम्बानी – रिलायन्स ओड़ीसा में एक विद्युत केन्द्र की स्थापना करने जा रहा है जिसके लिए मऊ पर हस्ताक्षर हो चुका है।

एल एण्ड टी (L&T) भारत में भारी हाईडल पावर प्रोजेक्ट की स्थापना करने जा रहा है। विदेशी कम्पनी ने मई 2005 में ही मऊ पर हस्ताक्षर कर लिया है और छत्तीसगढ़ सरकार की सहमति से 1000 मेगा वाट का एक प्रोजेक्ट 5500 करोड़ की लागत से लगाने जा रहा है जो 2011 तक में चालू हो जाएगा।

भारत में उर्जा के निम्नलिखित अनेक स्रोत हैं–

कोयलाः– भारत में कोयला खत्म होने वाला एक प्रमुख उर्जा है। यह झारखण्ड, उड़ीसा, पश्चिम बंगाल, मध्य प्रदेश, उत्तर प्रदेश, तमिलनाडु और आंध्र प्रदेश में पाया जाता है।

कोयला उत्पादक देशों में भारत का दुनियां में तीसरा स्थान है। खुले माईन्स तथा जमीन के अन्दर कोयले की खुदाई भारत कूकिंग कोल लिमिटेड जैसे अनुसंगिक युनिटों में हो रहे हैं। ईस्टर्न कोल फिल्ड लिमिटेड (ECL), सेन्ट्रल कोल फिल्ड लिमिटेड (CCL), वेस्टर्न कोल फिल्ड लिमिटेड (WCL) महानदी कोल फिल्ड लिमिटेड (MCL), नोदर्न कोल फिल्ड लिमिटेड (NCL), साउथ ईस्टर्न कोल फिल्ड लिमिटेड (SECL) और सिगनेरानी कोलियारीज कम्पनी लिमिटेड (SCCL) 1975–96 में 100 मिलियन टन से 1998–99 तक 306 मिलियन टन कोयले के उत्पादन में वृद्धि हुई। दुर्भाग्य की बात है कि

घरेलू उत्पादन का केवल 15 प्रतिशत कोयला ही जलावन के योग्य पाया गया और यह लोहे और स्टील उद्योग में इस्तेमाल होता है। ज्यादातर घटिया किस्म का ही कोयला मिलता है जिसमें ज्यादा राख (40 प्रतिशत–50 प्रतिशत) और इसका कालोरिफिक मूल्य भी कम होता है याने 1300–4200 होता है।

तेल और प्राकृतिक गैस (OIL AND NATURAL GAS)

देश में पेट्रोल और डीजल की मांग बहुत ज्यादा बढ़ गई है। उदारीकरण नीति और (Globalisation) ग्लोबलाईजेशन के कारण भारतीय बाजार में दो पहियों और चार पहिए वाहन, भिन्न–भिन्न मॉडल के तीन पहिये और चार पहिये वाहन पेट्रोल या डीजल से चलते हैं। आबादी के बढ़ जाने से भी पेट्रोल और डीजल से चलने वाले वैसे वाहनों की मांग बढ़ गई है।

तेल और प्राकृतिक गैस कम्पनी (ONGC) भारत का एक मात्र तेल की खोज करने वाली कम्पनी है जिसने भारत में मिलने वाले 26 वेसिन में से 6 सेडिमेन्टरी वेसिन की खोज की है। यह देश में प्राप्त तेल भंडार का 30 प्रतिशत ही है।

हाल में रेडियनस ग्रुप ने एक सर्वे किया और गोदावरी में काफी मात्रा में प्राकृतिक गैस का भण्डार खोज निकाला है जो आन्ध्र प्रदेश में है।

मांग और उत्पादन में तालमेल की कमी के कारण भारत भारी तादाद में पेट्रोल और पेट्रोलियम पदार्थ बाहर से आयात कर रहा है। आज देश 180 करोड़ लागत खर्च प्रति दिन की दर से पेट्रोलियम उत्पादन पर वहन कर रहा है। 1998–1999 में आयात का आंकड़ा निम्न प्रकार था –

क्रूड ऑयल – 39.81 मिलियन टन

पेट्रोलियम प्रोडक्टस – 17.4 मिलियन टन

हाई स्पीड डीजल	–	10.5 मिलियन टन
कैरोसिन	–	5.8 मिलियन टन
एल.पी.जी	–	1.5 मिलियन टन

इसलिए यह उपभोक्ताओं के लिए एक जिम्मेदारी बनती है कि वे इस उर्जा का सदुपयोग करें दुरुपयोग नहीं।

समय की पुकार यह है कि तेल के भण्डार की खोज करें और ज्यादा से ज्यादा उत्पादन करें।

Gas Plants to Meet Demand टाटा स्टील की जरुरतों जैसे औद्योगिक गैस अर्थात ऑक्सीजन, नाइट्रोजन, अर्गोन और तरल गैस आदि इनकी आपूर्ति पराक्शायर इन्डिया की सहायता से स्टेट ऑफ दि आर्ट क्रायोजेनिक एयर सेपरेशन प्लान्ट की स्थापना द्वारा की जाएगी। उत्तरी और दक्षिणी अमेरिका में स्थापित यह प्लान्ट अटमोस्फेरिक और स्पेशलिस्ट गैस के सबसे बड़े उत्पादक एवं वितरक हैं। यह विश्व भर का सबसे विशाल खिलाड़ी है और टाटा स्टील द्वारा मई 2006 में एक समझौता हुआ जिसके तहत यह अवार्ड दिया गया जो बील्ड एन्ड ओपेरेट कोन्ट्रैक्ट कहा जाता है ताकि वह अपने स्टील प्लांट को गैस की आपूर्ति कर सके।

क्षमता (Capacity)	–	प्रतिदिन 875 मीट्रिक टन (MTPD)
पारेकशयर (Paraxair) कम्पनी	–	एक फोरचन 300 कम्पनी
प्लान्ट का कमिशन तारीख	–	1.8 MT Expansion Programme

टाटा को 2 यूनिट 2008 तक में देगा।

Other Beneficiaries: दूसरे लाभ निम्नलिखित हैं–

1. जिन्डाल विजय नगर – 2500 MTPD क्रायोजेनिक ऑक्सीजन प्लांट
2. कल्याण स्टील
3. सेन्ट गोबेन ग्लास इण्डिया
4. हलदिया पेट्रो केमिकल्स

हाइड्रोपावर (Hydro Power)– हाईड्रोपावर से विद्युत उत्पादन करना बहुत खर्चीला है। क्योंकि इसके लिए डैम बनाना पड़ता है, विस्थापितों को पुनर्वास कराना पड़ता है पर्यावरण सन्तुलन को बनाये रखना होता है। इन सभी समस्याओं का दोस्ताना रुप से समाधान करना पड़ता है।

हाल के अध्ययन से यह पता चलता है कि भारतीय डैम मिथेन (CH4) फैलाते हैं जो एक ग्रीन हाउस गैस है और पर्यावरण संबंधी समस्यायें उत्पन्न करता है। इसके अलावा कि मेघा पाटकर द्वारा यह प्रदर्शन किया जा रहा है कि सरदार सवेर डेम की ऊँचाई बढ़ाई जाए? लेकिन यह याद रखना चाहिए कि हाईड्रो पावर द्वारा उत्पादित बिजली सस्ते रेट में मिलने वाला और पुर्नस्थापित होने वाला उर्जा स्रोत है। लेकिन प्रायः हरेक वर्षा ऋतु में बाढ़ आने से जान माल की भारी क्षति होती है।

हाल में एल एण्ड टी (L&T) ने हाईडल प्रोजेक्ट बनाने का दुःसाहस किया है जिससे भारत को बहुत बड़ी राहत मिलने की उम्मीद है। गरलैड कनाल प्रोजेक्ट जो भारत के सभी बहने वाली नदियों को एकीकरण करते हुए बाढ़ की विभिषिका का सामना करने के मतलब से और कृषि सिंचाई के साथ–साथ बिजली उत्पादन करने की योजना भारत सरकार के विचाराधीन है। यह निकट भविष्य में वास्तविक रुप से सामने आने वाला है।

वायु विद्युत, सौर उर्जा, बायोमास, न्यूक्लीयर उर्जा आदि के बारे में पहले ही अलग–अलग विचार प्रस्तुत किया जा चुका है।

उर्जा व्यापार (Energy Trade): उर्जा व्यापार या उपभोग के संबंध में भारत की स्थिति अलग–अलग क्षेत्रों में क्या है इसका विवरण नीचे दिया जा रहा है–

Industrial Sector

भारत में उत्पादित कामर्सियल उर्जा का 50 प्रतिशत हिस्सा औद्योगिक सेक्टर में खपत होता है इसलिए औद्योगिक क्षेत्र कमशियिल विद्युत उर्जा का सबसे बड़ा उपभोक्ता है।

उर्जा का कमशियिल स्रोत मुख्य रुप से कोयला और लिगनाईट तेल और गैस, जल विद्युत और न्यूक्लीयर विद्युत है।

1996–97 में औद्योगिक सेक्टर ने 104 विलियन किलोवाट (KWH) दतीलिटिज और 34 विलियन KWH कपटिल पावर प्लान्टस से उपभोग किया। लगातार होने वाले उर्जा किल्लत के कारण प्रमुख बिजली उर्जा उत्पादक यूनिटों को यह छूट दी गई है कि वे अपना निजी कपटिभ पावर प्लान्ट बना सकते हैं और किल्लत होने पर जरुरतें पूरा कर सकते हैं।

सबसे ज्यादा उर्जा जरुरत वाले औद्योगिक संस्थान जैसे अल्युमीनियम, फर्टीलाइजर, टेक्सटाईल, सीमेन्ट, स्टील प्लांट और पेपर उद्योग हैं। ये प्लांट मिलकर 80 प्रतिशत औद्योगिक खपत के बराबर हैं।

वास्तव में भारत में कमर्शियल उर्जा की खपत प्रति व्यक्ति अभी भी दूसरे देशों की तुलना में कम है। फिर भी हमारे देश में पावर क्राईसिस रहती है जिसका कारण निम्नलिखित है–

1. समूचे उत्पादन का 20 प्रतिशत ट्रान्समिशन और **विवरण ने** गलत ढंग से खपत हो जाता है जो बहुत ही गंभीर बात है।

2. पिलफेरेज और मीटर की गड़बड़ी से भी बिजली का दुरुपयोग होता है।

3. गर्वमेन्ट ऑफिसों में खास करके बिजली का दुरुपयोग होता है जिसके प्रति सजग रहने की जरुरत है। व्यक्तियों की मानसिकता में परिवर्तन लाना चाहिए और लोगों में पोजिटिव दृष्टिकोण उत्पन्न करना चाहिए।

अभी भारत के हरेक व्यक्ति के लिए यह जरुरी है कि उर्जा किल्लत को महसूस करें और इसका सही रुप से इस्तेमाल करें।

यातायात सेक्टर (Transport Sector): पेट्रोल/डीजल उत्पाद जैसे हाई स्पीड डीजल (HSD) और गैसोलिन जो समूचे उपभोग का लगभग 50 प्रतिशत है, खपत करता है। 1980–81 के आंकड़े के मुताविक हाई स्पीड डीजल (HSD) 9 मिलियन टन था और बढ़कर 1996–97 में 30 मिलियन टन हो गया। उदारीकरण की नीति अपनाने के कारण भारत में विदेशी वाहनों का प्रवेश हो गया। बढ़ी हुई आबादी ने व्यक्तिगत वाहनों की मांग बढ़ा दी तथा पब्लिक ट्रांस्पोर्ट और प्रफेट मूवमेन्ट भी बढ़ गए। वाहनों की संख्या में 106 मिलियन 1986 से बढ़ कर 2004 तक में 727 मिलियन हो गया। इस तरह भारत में 7 गुणा वाहन की संख्या में वृद्धि हुई। बढ़ी हुई वाहनों की संख्या और रोड ट्रैफिक जाम होने की वजह से देश में पर्यावरण की समस्याएं भी बढ़ गई।

यह याद रखने की बात है कि घरेलू उत्पादन ओर पेट्रोलियम प्रोडक्ट्स की खपत में सही सन्तुलन नहीं रहता है। कच्चे तेल के आयात करने और पेट्रोलियम प्रोडक्ट्स की खपत के कारण बजट गड़बड़ा जाता है और बैलेन्स भुगतान करने में कठिनाई उत्पन्न होती है। भारत का पेट्रोलियम प्रोडक्ट्स में स्वालंबन की स्थिति रहने के कारण 1985–86 में 60 प्रतिशत था जो गिरकर 1997–98 तक में 34 प्रतिशत हो गया।

इन कारणों के मद्देनजर वाहन मालिकों को यह सोचना चाहिए कि देश में उर्जा की किल्लत एक बड़ी समस्या है इसलिए उर्जा का उपभोग संयम से करना चाहिए।

कृषि क्षेत्र (Agriculture Sector): ग्रीन रेवेल्यूएशन के कारण कृषि कार्यो में आधुनिक कार्य और मेकनाईजेशन करने की आवश्यकता हुई। बिजली से चलने वाले मोटर और डीजल से चलने वाले पम्प सेट्स की जो सिंचाई के काम में प्रयुक्त होते हैं उनमें कमीर्सियल उर्जा जरुरत पड़ती है। ट्रेक्टर्स के उपयोग करने के कारण भी डीजल की खपत होती है।

कृषि में बिजली की खपत 1975–76 में 8.7 विलियन से बढ़कर 1996–97 में 84 विलियन हो गई।

घरेलू क्षेत्र (Domestic Sector): घरेलू क्षेत्र मुख्यतः जलावन लकड़ी का उपयोग करता है जिसे बायोमास उर्जा कहते हैं। करीबन 70 प्रतिशत ग्रामीण निवासी और 30 प्रतिशत शहरी निवासी इस जलावन लकड़ी पर निर्भर हैं। कुछ लोग गोबर और कोयला इस्तेमाल करते हैं और उर्जा का स्रोत मानते हैं। 1970–71 में विद्युत का उपयोग प्रति व्यक्ति 7KWH था जो बढ़कर 1994–95 में प्रति व्यक्ति 53KWH हो गया।

उसी तरह कैरोसीन तेल का उपयोग प्रत्येक घर पर 6.6 से 9.9 किलो और रसोई गैस 0.33 किलो से 3.8 किलो उसी समय के दौरान पाया गया।

उर्जा संतुलन (Energy Balance): मानव अस्तित्व के लिए उर्जा एक आवश्यक आवश्यकता माना गया है भले ही यह विकसित या विकासशील देश ही क्यों न हो। कोयला एवं तेल के इस्तेमाल से उर्जा का सृजन किया जाता है उर्जा की मांग लगातार बढ़ रही है क्योंकि आबादी बढ़ रही है तथा औद्योगिक विकास हो रहे हैं।

बिजली उत्पादन की आधुनिक पद्धति सारे विश्व में यह है कि मुख्य रुप से सारा विश्व कोयला एवं तेल पर आधारित है। उर्जा की कमी इसलिए है क्योंकि कोयला एवं तेल (Fossil Fuels) का अधिक उपयोग हो रहा है और परम्परागत उर्जा स्रोतों का तेजी से हो रहा है।

वर्तमान में बिजली खपत की दर (रेट) देखकर अनुमान किया जाता है कि कोयला अगले 100 साल तक में समाप्त हो सकता है और तेल 50 साल ज्यादा खींच सकता है। अगले दशक में उर्जा किल्लत दुगुणा हो जाने की सम्भावना है।

कोयला एवं तेल के अत्यधिक उपभोग के CLIMATE CHANGE जलवायु परिवर्तन

अफसोस इस बात का है कि कितने कानूनी सुधारों के बावजूद जो निर्णय और समझौते 1992 के RIO सम्मेलन के बाद हुए फिर भी एक गुणवत्ता पूर्ण जलवायु की प्राप्ति का लक्ष्य सपना ही बन कर रह गया और पिछले 10 वर्षों में आहिस्ते–आहिस्ते और भी अधिक खराब स्थिति उत्पन्न होती गई।

अपने जीवन शैली में परिवर्तन लाइये और स्थाई विकास का रास्ता अपनाइये नहीं तो आपका भविष्य खतरे में पड़ जाएगा। तत्कालीन प्रधानमंत्री श्री मनमोहन सिंह ने सावधान करते हुए कहा कि जलवायु परिवर्तन से उत्पन्न खतरे वास्तविक हैं। प्रधानमंत्री की उक्त चेतावनी जर्मनी में हुए G-8 सम्मेलन में 8 जून 2007 को हुई उसमें भाग लेने के 3 दिन पहले दी गई थी। उस सम्मेलन में जलवायु परिवर्तन चर्चा का मुख्य मुद्दा था।

हमारे लिये चुनौती यह है कि हम पर्यावरण की रक्षा कैसे करें ताकि भावी पीढ़ी की सुख–सुविधा बरकरार रहे। आर्थिक स्थिति में भी सुधार लाने और बनाये रखने की आवश्यकता है। हमें औद्योगिक

क्रांति भी लानी है तथा कृषि में विकास कर आधुनिक बनाना है ताकि अपने लोगों का जीवन स्तर ऊँचा उठे। उसने मुख्यतः अन्तर्राष्ट्रीय समुदाय को सम्बोधित करते हुए अपना संदेश अपने ही समुदाय की तरह दिया।

केन्द्र सरकार नई दिल्ली जलवायु परिवर्तन मुद्दे पर बहुत पहले ही चर्चा कर चुकी थी। उसके दौरान यह पाया गया कि विकसित देशों के द्वारा अनुचित उत्पादन और उपभोग के ही कारण जलवायु समस्याऐं उत्पन्न होती हैं न कि विकसित देशों में क्षणिक विकास के चलते। श्री सिंह का उद्देश्य था भारत के स्थाई विकास नीति का नवीनीकरण जो विश्व पर्यावरण दिवस समारोह के अवसर पर दिनांक 05.06.2007 को प्रकाश में आया।

अभी लोगों को पर्यावरण समस्याओं की अच्छी जानकारी है। जन साधारण जो बहुत सजग हो गये हैं, यह चाहते हैं कि सरकार और अन्तराष्ट्रीय एजेन्सी इन समस्याओं के निराकरण पर ज्यादा से ज्यादा ध्यान दें। देश के नागरिक हर सम्भव सहयोग के लिए तैयार हैं कि पर्यावरण को स्वच्छ रखने की प्रक्रियाओं को तत्परता से लागू करें क्योंकि विकसित देशों ने यह महसूस कर लिया है कि पर्यावरण क्षति से होने वाली समस्यायें वास्तविक हैं और वे गंभीर चुनौती हैं जो उनके जीवन स्तर पर प्रतिकूल प्रभाव डाल सकती है।

मुनाफा कमाने के स्वार्थ के कारण व्यक्ति और समुदाय के लोग संसाधनों की क्षति और शोषण करने में लगे हुए हैं जब कि उन्हें सुरक्षित रखने की जरुरत है क्योंकि इस पृथ्वी में मनुष्यों के बीच संबंध हैं और हरेक वस्तु हर वस्तु से संबंधित है।

India and Brazil Care most for Environment

भारत और ब्राजील पर्यावरण की ज्यादा चिंता करते हैं। भारतीय और ब्राजील के लोग पर्यावरण से ज्यादा लगाव रखते हैं। अमेरिकन ज्यादा प्रदूषण फैलाने में रहते हैं। नेशनल ज्योग्राफी मैगजीन तथा

पोलस्टार स्केन द्वारा उपभोक्ताओं के व्यवहार पर खोज के दौरान हुआ था उसमें यह प्रकाश में लाया गया। एक हजार लोगों के द्वारा जिसमें प्रत्येक जन उन देशों से थे जो 14 अति प्रदूषित देशों से थे जिनका लिस्ट अन्तर सरकारी पैनल जो पर्यावरण प्रतिरक्षा (IPCC) पर बना था उसके द्वारा तैयार किया गया। उस पैनल ने भारत और ब्राजील को सबसे ऊपरी दर्जे में रखा और उन्हें 60 ग्रीन इन्डेक्स पोइंट पर रखा। अमेरिकनस को सबसे नीचे 44.9 पोइन्टस मिले। कनाडा और फ्रांस के लोगों को क्रमशः 48.5 और 48.7 पोइन्टस मिले। उस सर्वे में जो दिनांक 7 मई 2008 वाशिंगटन में रिलीज हुआ, भारत के लोगों के खाने की आदत को सबसे अच्छा समझा गया। जिसमें स्थानीय बाजारों की सब्जी कम से कम हफ्ते में एक दिन खाते हैं। भारत के लोग ज्यादा बर्बादी नहीं करते हैं और Recycling करने में भी अच्छे हैं परन्तु पश्चिमी देश ऐसे नहीं है। भारत में ग्रीन सूचकांक (Index) उंचा है जिसका कारण है कि प्रति व्यक्ति उर्जा का उपभोग नीचे या कम है यह 07 किलो वाटस है – जबकि रिसाइकलिंग या पुनर्स्थापन दर बहुत ऊंची है। भारत और चीन सूर्य उर्जा (Solar Energy) के अच्छे उपभोक्ता हैं।

42 प्रतिशत भारतीय पर्यावरण समस्या पर ध्यान दे रहे हैं 35 प्रतिशत यह विश्वास करते हैं कि पर्यावरण समस्या का बुरा प्रभाव उनके स्वास्थ्य पर हो सकता है जब कि 27 प्रतिशत लोग कहते हैं कि वे पर्यावरण समस्या के बुरे परिणाम कम करने के काम में लगे हुए हैं। 24 प्रतिशत भारतीयों ने दावा किया है कि उन्होने पर्यावरण संबंधित प्रदर्शन में भाग लिया है। विश्वव्यापी तौर पर 9 प्रतिशत आंका गया है। 15 प्रतिशत भारतीयों ने सरकार के पास या कम्पनी को लिखा है जिसमें पर्यावरण समस्या का जिक्र किया गया है। सर्वे रिपोर्ट के अनुसार किसी देश के लिए यह सबसे उंचा स्तर का कार्य है।

ग्रीण पैनल के लिए नोबेल पीस अवार्डः– संयुक्त राज्य पूर्व उप राष्ट्रपति श्री अलगोरे को ग्रीन पीस (ग्रीन शांति) पुरस्कार दिया गया

था और अन्तरराष्ट्रीय पैनल ओन क्लाइमेट चेंज (IPCC), भारतीय वैज्ञानिक डॉक्टर आर. के. पचौरी के नेतृत्व में 12 अक्टूबर 2007 को नोबेल कमेटी ने ओस्लो में कहा कि नोबेल शांति पुरस्कार उनकी उपलब्धी के लिए दिया गया "जलवायु परिवर्तन पर अन्तराष्ट्रीय कार्य कलाप मानव नियंत्रण में आने से पहले"।

डॉक्टर पचौरी ने सैकड़ों वैज्ञानिकों को जो IPCC से जुड़े हैं शांति पुरस्कार दिया। यह पुरस्कार उन लेखकों को भी दिया गया जो IPCC से जुड़े हैं श्री गोरे ने ग्लोबल वार्मिंग (Global Warming) के खतरे पर अपना लेक्चर दिया।

डॉक्टर पचौरी ने उस कथन से अपना संतोष जाहिर किया और कहा कि इससे ग्लोबल वार्मिंग का खतरा भविष्य में टल गया है जो संवेदनशील क्षेत्रों पर इसके दुष्परिणाम से होने वाले अशांति का डर पैदा होने की सम्भावना रहती है। एक ऐसी तरकीब खोज निकालने की आवश्यकता पर जोर दिया गया है, जिससे यह सहमति बने कि 2050 के बाद ग्रीन हाउस गैस रिसाव में कमी लाई जा सके। विकसित और विकासशील देशों के बीच यह सहमति हो। विकसित दुनियां की जिम्मेदारी ग्रीन हाउस गैस कम करने पर सबसे ज्यादा रहती है क्योंकि वे ज्यादा प्रदूषण फैलाते हैं।

दो बड़े पर्यावरण समस्यायें

1. ग्लोबल वार्मिंग
2. ओजोन लेयर में क्षीणता

ग्लोबल वार्मिंग— ग्लोबल वार्मिंग एक आम चर्चा का विषय बन गया है और आज विश्वव्यापी उष्णता (ग्लोबल वार्मिंग) जलवायु परिवर्तन के खतरे की चर्चा हर जुबान पर है। यहां तक कि इसकी चर्चा जी–8 सम्मेलन में हुई जो दिनांक 08.06.2007 को जर्मनी में हुआ।

ग्लोबल वार्मिंग क्या है?– ग्लोबल वार्मिंग (विश्वव्यापी उष्णता) का अर्थ है कि विश्व टेम्पेरेचर का बढ़ना ग्रीन हाउस गैस (GHGS) और कई कारणों से विशेषकर (फोसिलस) कोयला आदि के जलने से गैस रिसाव होता है। ये गैसें सूर्य की किरणों को पृथ्वी के वातावरण में सेख लेते हैं जिसके चलते पृथ्वी का वातावरण गर्म हो जाता है। जिसको हम ग्रीन हाउस असर या ग्लोबल वार्मिंग की संज्ञा देते हैं।

ग्रीन गैस में मुख्यतः निम्नलिखित गैस होते हैं–

(क) कार्बनडायोक्साइड (Co2)

(ख) मिथेन (CH4)

(ग) क्लोरोफार्म (CFcs)

(घ) नाईट्रस ऑक्साईड (No2)

(क) कार्बनडायॉआक्साईड (Co2):– कार्बन डायॉक्साईड ग्रीन हाउस गैस है जो कोयला जलाने से उत्पन्न होता है। गहन अध्ययन से प्रतीत होता है कि कोयला निम्न प्रकार से उपयोग में लाया जाता है –

- भोजन पकाने में घरेलू ईंधन के प्रयोग
- स्टील, सीमेन्ट आदि उत्पादन करने में कोयला जलाया जाता है।
- थर्मल पावर प्लांटस में बिजली उत्पादन करने के लिए कोयला उपयोग होता है मांग हो रही है जो सड़कों पर दौड़ रही है। सड़कों की जर्जर स्थिति तथा ट्रैफिक जाम मेट्रो पोलिटन सिरीज में तथा छोटे शहरों में होने के कारण वाहन शून्य रफ्तार की अवस्था में भी उनके इंजन चालू रहते हैं उससे दो, तीन और चार चक्के वाहन ईधन का खपत करते हैं। किसान भी अपने ट्रैक्टर और पम्प सेटस में पेट्रोल का इस्तेमाल करते हैं।

कोयला जलाने से कार्बनडायोआक्साईड उत्पन्न होता है। बीते दिनों मे पर्यावरण में कार्बनडायाआक्साईड आज की तुलना में कम रहता था। पेड़ों के पत्ते, जिसमें क्लोरोफिल रहता है, भोजन पकाने के काम में लाये जाते थे। इसमें जो प्रक्रिया अपनाया जाती थी उसे पफोटोसिन्थेसिस कहा जाता है।

लेकिन आज की स्थिति यह है कि अंधाधुंन पेड़ों की कटाई हो रही है और जंगल बहुत कम रह गया है, जिसे जंगल उजाड़ना कहा जाता है। कार्बनडायॉआक्साईड के संचय का रेट कोयला जलाने और जंगल उजाड़ने के रेट पर निर्भर करता है। औद्योगिक दुनियां के अनुपात में विकासशील देश कम दर से कोयला जलाते हैं। परन्तु उच्चतर विकास एवं आर्थिक विकास के लिए विकसित देश ज्यादा मात्रा में कोयला जलाते और उनके द्वारा जंगल उजाड़ने की प्रक्रिया में भी वृद्धि हो सकती है जिसका नतीजा यह होता है कि वातावरण में कार्बनडायोक्साइड संचित (जमा) हो जाता है।

दुनियाँ में ग्रीन हाउस गैस में 72 प्रतिशत कार्बनडायोआक्साईड पाया जाता है। युनाईटेड स्टेटस अमेरिका में दुनियां का 6 प्रतिशत आबादी, 25 प्रतिशत कार्बनडायॉआक्साईड छोड़ते हैं। अभी अमेरिका से ज्यादा चीन कार्बनडायॉआक्साईड छोड़ता है। वर्ल्डवाच इंस्टीट्यूट के अध्ययन के मुताबिक ब्राजील कई विलियन टन कार्बनडायॉक्साइड जंगल उजाड़ने के द्वारा फैला रहा है।

भारत का प्रति व्यक्ति कार्बनडायॉआक्साईड छोड़ने का रेट लगभग एक टन है जब कि युनाईटेड स्टेटस में प्रति व्यक्ति 20 टन है और पूरे यूरोप में 15 टन है।

Carban Dioxide Levels Highest for 650,000 years: वायुमंडल में कार्बनडायोक्साइड बहुत ज्यादा मात्रा में जमा हो गया है। हाल के रिकार्ड के अनुसार यह डरावना विचार लोगों के मन में हो रहा है कि

जलवायु में बदलाव के कारण यह डर नियंत्रण से बाहर की बात हो जाएगा।

हवाई द्वीप के 'मौना लोआ' ओवजरवेटरी के वैज्ञानिक कहते हैं कि एक मिलियन में 387 (PPM) भाग कार्बनडायॉआक्साईड का स्तर पर्यावरण में मौजूद है। यह लगभग 40 प्रतिशत ऊपर है जो इन्डस्ट्रीयल रेजूलूशन के बाद हुआ है ओर यह करीब 650,000 सालों के भीतर ऐसी स्थिति हुई है।

इस आंकड़े को यूनाईटेड स्टेटस के नेशनल ओसैनिक और अटमोसफेरिक अडमिनिस्ट्रेशन वेवसाईट में प्रकाशित किया गया। इस पब्लिकेशन ने यह भी कहा कि यह निश्चत अनुमान से ज्यादा तेजी से संचित हो रहा है।

सन् 2007 ई. में इसका विकास दर 2.14 पी.पी.एम. था। 1970 से 2000 के बीच कार्बनडायॉआक्साईड संचेशन 1.5 PPM (Parts Per Million) प्रतिवर्ष था जो बढ़कर 2000 के बाद 2.1 PPM अभेरज हो गया।

वैज्ञानिक का कहना है कि उपरोक्त परिवर्तन द्वारा इस बात का संकेत है कि प्रतिवर्ष पृथ्वी अपनी शक्ति खोते जा रही है और इसके चलते विलियन टन कार्बनडायॉआक्साईड को पचा लेने की क्षमता नहीं रह गई। जलवायु मॉडल यह मान लेने के लिए हमको उत्साहित करते हैं कि हमारे द्वारा छोड़े जाने वाले आधे भाग कार्बनडायॉआक्साईड का निराकरण जंगल और समुद्र द्वारा किया जाएगा, लेकिन नये आंकड़े दर्शाते हैं कि हमारी यह धारणा उम्मीद से ज्यादा निराशाजनक है। मरटीन पारे जो अन्तर सरकारी पैनल ओन क्लाईमेंट चेंज वर्किंग ग्रुप ओन इम्पैक्ट कहते हैं इतने सारे बात विचार के बावजूद भी स्थिति खराब से खराब स्थिति पर पहुंच गयी है। ग्रीन हाउस गैस स्तर लगातार उपर उठ रहा है और पर्यावरण पर प्रदूषण तेजी से बढ़ रहा है। हम इसका प्रभाव देख रहे हैं और महसूस भी कर रहे हैं कि

जलवायु परिवर्तन पर भी तेजी आती रही है। अतः जब तक हम इस पर कोई कारवाई नहीं करते हैं तो स्थिति बद से बदतर हो जाएगी। गत साल के अध्ययन से यह पता चला है कि वातावरण में मौजूद कार्बनडायॉआक्साईड के स्तर पर निम्नलिखित तीन बातों में नीचे गिरा है–

1. विश्व अर्थव्यवस्था में वृद्धि
2. चीन में कोयले का भारी मात्रा में उपयोग और
3. प्राकृतिक सिंकस, जंगल, समुद्र और मिट्टी की कार्बनडायॉआक्साईड सोखने की क्षमता में कमी या गिरावट।

(ख) मिथेन (Methane — CH4):– दुनियां में जितना ग्रीन हौस गैस उत्पन्न होता है उसमें दूसरा नंबर मिथेन है जो 23 प्रतिशत है। हाल में ही हिन्दुस्तान टाईम्स दिनांक 21 मई 2007 में छपी रिपोर्ट अर्थात – कैपशन इंडियन डेमस हीटिंग अंत ग्लोब? कहता है कि डेमस स्वच्छ उर्जा पैदा करते हैं यह एक मनगढ़ंत (Myth) बात है। भारत का हाईडल प्रोजेक्टस दुनियां में सबसे ज्यादा प्रदूषण फैलाने वाले साबित हुए हैं। भारतीय डेम दुनियां के सभी डेम से ज्यादा मिथेन फैलाते हैं। जिससे ग्लोबल वार्मिंग बढ़ जाता है। ब्राजीलियन सरकारी अध्ययन द्वारा पाया गया है कि भारत के डेम दुनियां के डेम की तुलना में 27.8÷ मिथेन हाईड्रो प्रोजेक्ट से पैदा किये जाते हैं।

भारतीय डेम से मिथेन का डर The Methane Threat from Indian Dams

भारत के 450 डेम से फैलने वाले मिथेन गैस प्रतिवर्ष 45.8 मीट्रिक टन है। उसमें प्रभावशाली मिथेन 33.5 मीट्रिक टन है। शेष 12.3 मीट्रिक टन मिथेन पानी के रिजर्बोयर से ऊपर उठने लगता है और ऑक्सीडाईज हो जाता है। भारत में कार्बन डायॉक्साईड का 18.7 प्रतिशत के

बराबर इसके डेम से मिथेन फैलता है। इसकी तुलना में ब्राजील के डेम 21.8 प्रतिशत मीट्रिक टन मिथेन प्रति वर्ष फैलाते हैं। जबकि चीन में केवल 4.4 मीट्रिक टन मिथेन फैलता है। एक अन्तरराष्ट्रीय जरनल में जलवायु परिवर्तन पर खोज के परिणाम को प्रकाशित किया गया है।

दक्षिण एशिया डेम, रिवर और पीपल Sandap नेटवर्क के हिमांसू ठाकर कहते हैं कि भारत के हाईड्रो प्लांट सबसे ज्यादा मिथेन फैलाते हैं क्योंकि ये ट्रोपिकल (गर्म) क्षेत्र में पड़ते हैं। युनाईटेड स्टेट्स और चीन में ज्यादा हाईड्रो प्रोजेक्टस हैं लेकिन मिथेन कम फैलाते हैं क्योंकि वे समसीतेष्ण क्षेत्र में पड़ते हैं। मिथेन रिजर्वेयर स्पीलवे, टूरवाईन्स और नीचे बहते हुए नालों से फैलता है।

(ग) **Chloroflurocarbons (CFCS):-** यह ग्रीन हाउस प्रभाव का 15 प्रतिशत भाग है। क्लोरोफलूरोकार्बन का प्रभाव कार्बनडायोआक्साईड से हजार गुणा ज्यादा है जहां तक गर्मी सोकने की बात है। नजदीक से अवलोकन करने पर यह प्रकट होता है कि क्लोरोफलूरो कार्बन वातावरण में निम्नलिखित मानवीय ऐश–आराम के साधनों द्वारा फैलाता है–

(1) रेफरीजेरेशन

(2) एअर कन्डीशनिंग इन्डस्ट्री

(3) फोम पैकिंग इन्डस्ट्री

(घ) **Nitrous Oxide (NO2):–** नईट्रस ऑक्साईड ग्रीन हाउस प्रभाव से 5 प्रतिशत है जो

(1) कोयला जलाने से

(2) बर्निंग बायोमास से और

(3) रासायनिक खाद के टूटने से पैदा होता है।

ग्लोबल वार्मिंग का असर EFFECTS OF GLOBAL WARMING

अन्तर्राष्ट्रीय सरकारी पैनल ऑन क्लाइमेट चेंज (IPCC) का अनुमान है कि अगले कुछ दशक में पृथ्वी का टेम्परेचर 1 से 3 डिग्री सेंटीग्रेड बढ़ जाएगा। वैज्ञानिक भी इससे सहमत हैं।

(अ) बीते 100 वर्ष से गर्मी में वास्तविक वृद्धि हुई है

(ब) यदि कार्बनडायोक्साइड (CO2) में वृद्धि होती है तो पृथ्वी की गर्मी 3 से 5 डिग्री सेंटीग्रेड बढ़ जाएगी।

(स) यदि गर्मी लगातार बढ़ती रहेगी तब बर्फ (ग्लेशियर) पिघलने लगता है। इससे समुद्र का सतह उंचा उठेगा और कई द्वीप जलमग्न हो जाएंगे तथा समुद्र किनारे भी डूब जाएंगे। जिससे वहाँ बसे लोग घर छोड़कर अपने पुराने स्थान को पुनः प्रस्थान करेंगे। ग्लोबल वार्मिंग के कारण गंभीर है और इसके नतीजे भी गंभीर हैं। जलवायु परिवर्तन मोडल के अनुसार 2 डिग्री ग्लोबल वार्मिंग की वृद्धि होने पर निम्नलिखित परिणाम देखने में आते हैं–

हाल के अन्वेषण (खोज) आंकड़े यह दिखाते हैं कि ग्रीन लैंड जो 4 किलोमीटर घना है अब पिघलना शुरु हो चुका है और ग्रीन लैंड से पिघलने के कारण बर्फ कम होती जा रही हैं 2004 से अब तक तीन गुणा बर्फ कम हो गयी है। इसमें होने वाले खतरे जैसे समुद्री सतह जो सदियों से है उसकी ऊंचाई बढ़ जाएगी और अन्टीरिका से ग्रीन लैंड के बीच की समुद्री सतह बर्फ सीट मॉडल से बहुत ज्यादा बड़ा हो जाएगा।

अन्र्टाटिका के उस उजले प्रायद्वीप के तटवर्ती ग्लेशियर की गहन खोज से यह तथ्य सामने आया है कि अन्टर्राटिका के बर्फ सीट 75 प्रतिशत 10 साल में बढ़ गया और यह ग्लोबल वार्मिंग के कारण

हुआ है। 2006 में यह ग्लेशियर बढ़कर 192 विलियन टन हो गया है जैसे कि वैज्ञानिक का मानना है। पश्चिमी अर्टांटिक बर्फ जो समुद्र में है उसमें 132 विलियन भारत और ब्राजील पर्यावरण को ज्यादा चिंता करते हैं। भारतीय और ब्राजील के लोग पर्यावरण से ज्यादा लगाव रखते हैं। अमेरिकन ज्यादा प्रदूषण फैलाने में रहते हैं। नेशनल ज्योग्राफी मैगजीन तथा पोलस्टार स्केन द्वारा उपभोक्ताओं के व्यवहार पर खोज के दौरान हुआ था उसमें यह प्रकाश में लाया गया।

दुनियाँ में ग्रीन हाउस गैस में 72 प्रतिशत कार्बनडायोआक्साईड पाया जाता है। युनाईटेड स्टेटस अमेरिका में दुनियां का 6 प्रतिशत आबादी, 25 प्रतिशत कार्बनडायॉआक्साईड छोड़ते हैं। अभी अमेरिका से ज्यादा चीन कार्बनडायॉआक्साईड छोड़ता है। वर्ल्डवाच इंस्टीट्यूट के अध्ययन के मुताबिक ब्राजील कई विलियन टन कार्बनडायॉक्साइड जंगल उजाड़ने के द्वारा फैला रहा है।

भारत का प्रति व्यक्ति कार्बनडायोआक्साईड छोड़ने का रेट लगभग एक टन है जब कि युनाईटेड स्टेटस में प्रति व्यक्ति 20 टन है और पूरे यूरोप में 15 टन है।

Carban Dioxide Levels Highest for 650,000 years: वायुमंडल में कार्बनडायाक्साइड बहुत ज्यादा मात्रा में जमा हो गया है। हाल के रिकार्ड के अनुसार यह डरावना विचार लोगों के मन में हो रहा है कि जलवायु में बदलाव के कारण यह डर नियंत्रण से बाहर की बात हो जाएगा।

हवाई द्विप के 'मौना लोआ' ओवजरवेटरी के वैज्ञानिक कहते हैं कि एक मिललियन में 387 (PPM) भाग कार्बनडायोआक्साईड का स्तर पर्यावरण में मौजूद है। यह लगभग 40 प्रतिशत उपर है जो इन्डस्ट्रीयल रेजूलूशन के बाद हुआ है ओर यह करीब 6,50,000 सालों के भीतर ऐसी स्थिति हुई है।

इस आंकड़े को यूनाईटेड स्टेटस के नेशनल ओसैनिक और अटमोसफेरिक अडमिनिस्ट्रेशन वेबसाईट में प्रकाशित किया गया। इस पब्लिकेशन ने यह भी निश्चत रुप से बताया है कि कार्बनडायोआक्साईड जो एक मुख्य ग्रीन हाउस गैस है जो वातावरण में अनुमान से ज्यादा तेजी से संचित हो रहा है।

सन् 2007 ई. में इसका विकास दर 2.14 पी.पी.एम. था। 1970 से 2000 के बीच कार्बनडायोआक्साईड संचेशन 1.5 PPM (Parts Per Million) प्रतिवर्ष था जो बढ़कर 2000 के बाद 2.1 PPM अभेरज हो गया।